超越设计课

园林景观施工图设计实例图解

——土建及水景工程

主　编　朱燕辉

副主编　王　悦

参　编　张宛岚

机 械 工 业 出 版 社

为了解决年轻设计师苦于对园林景观设计施工全流程无从下手的问题，本书以横向广泛、纵向深入的方式涵盖了相关园林景观方案设计及工程施工的常识，以列举工程实例的方式对方案设计、施工图设计及施工现场的把控步骤进行了深入浅出的介绍。

本书主要讲解园林景观工程设计中的场地竖向、园路及场地铺装设计、水景设计的相关知识，取材于编者参与的实际设计工程中已按照施工图完成的项目，同时符合国家施工图绘制标准。

本书可以作为初涉园林景观施工图设计者的设计绘制指导，对初入职场人员有较大的帮助；同时也可作为具有园林景观设计能力和常识的学生进行方案及施工图深化设计的自学参考。

图书在版编目（CIP）数据

园林景观施工图设计实例图解：土建及水景工程 / 朱燕辉 主编 . —北京：机械工业出版社，2017.11（2022.1 重印）
（超越设计课）
ISBN 978-7-111-57771-3

Ⅰ . ①园…　Ⅱ . ①朱…　Ⅲ . ①景观设计—园林设计—工程制图
Ⅳ . ① TU986.2

中国版本图书馆 CIP 数据核字（2017）第 200271 号

机械工业出版社（北京市百万庄大街 22 号　邮政编码 100037）
策划编辑：时　颂　　　　　责任编辑：时　颂
责任校对：佟瑞鑫　潘　蕊　封面设计：鞠　杨
责任印制：孙　炜
北京联兴盛业印刷股份有限公司印刷
2022 年 1 月第 1 版第 7 次印刷
184mm × 260mm · 12 印张 · 290 千字
标准书号：ISBN 978-7-111-57771-3
定价：75.00 元

序 Forword

本书主编朱燕辉的团队是一支踏实肯干、工作细腻、有责任心、有担当的园林景观青年设计团队，是园林景观行业的中坚力量。他们所在公司是以建筑为设计主营业务的中国建筑设计院有限公司，这样的工作环境给了他们一个不同的工作视角。主编朱燕辉在工作的前几年怀着园林设计师的梦想与热忱投身到园林景观的设计创作建设中，然而在建筑设计院的环境影响下，她首先接触的不是大山大水的园林景观工程，而是建筑周边的环境设计，对象不同，尺度不同，工作内容需要设计师了解园林景观行业之外更多的其他专业常识，工程设计与表达乃至实施流程都要求更加细腻周全。在 2005 年，朱燕辉参与了 2008 年奥运场馆“鸟巢”及周边园林景观的设计与建设。在这几年的设计实践中，对她影响最大的是她发现了自己在建筑相关设计中存在着太多的不足，之后便从零开始了解起了建筑知识，进一步地充实了作为园林景观设计师的知识结构体系。在实际工作中深入建筑与园林施工现场，积累了丰富的现场经验。学会并掌握更多的设计原则，使建筑场地与园林景观更加融洽，这也是她在本书中重点体现的内容之一。

多年来与建筑行业人士的合作与沟通，让她深感园林景观行业的多元性，不仅是山水情怀的创作，更多的是包容、权衡各种专业间的需求，完成接近设计初衷的设计，回归当代园林景观设计。回首审视求学时期园林景观设计理论基础专业常识，再结合自己走入社会后多年实践的工程现场，她深感仅有课堂知识远不能满足实践的需求。同时行业的发展更需要有超越课堂的媒介，让更多的年轻人不出学校就能感受到行业实实在在的一面。她每年都会接触到初入社会或是工作三两年的年轻工作者，看到了他们很想融入行业而苦于知识体系不完整，设计仅仅停留于纸上的美感，从而制约着他们对园林景观进行合理设计和完美表达。因此本书主要面向具有一定专业常识的在校学生和步入社会工作三两年的年轻群体。她由衷地希望能帮助他们，分享她在多年工作中的积累，将自己以及团队 16 年来的园林景观工程设计及施工的经验写出来，以图文并茂的形式展示给读者，将枯燥的学习过程转变为一种身临其境的体验。

本书以园林景观工程的五大分类作为内容结构框架，表述直接针对园林景观工程诸多方面，以图文形式讲解枯燥的规范数据，提出“园林景观感知”的学习方法，巧妙地将数据植入视觉感受，是一种有创意的表达方式。经验分享不仅有文字的表述，更有实际工程案例的列举。在案例中较为全面地贯彻着园林景观的相关规范，设计之初便控制住了规范的落实，施工图的表达与施工现场以及建成照片一一对应，相信本书一定会让很多年轻设计师有工程现场感。

本书编者面对行业知识结构体系与实践不衔接的教育现状，慷慨地分享了自己多年经验，为推动行业的发展与进步做出了自己的贡献。

张树林

前言 Preface

（一）本书的编写初衷

园林景观行业蓬勃发展、社会需求日益增加以及对品质要求的日益严苛正是社会物质文明发展转向精神文明发展的一面镜子，折射出的是城市发展的重要进程，是城市进步的重要特征。这样的发展对从业者提出了更高标准的行业从业要求——匠人精神。编者16年来的园林景观设计工程一线从业经历就是园林景观行业从鲜为人知到发展壮大的见证。这16年是从课本中来到工程中去的16年，是从师者书本教诲到工程自我实践的16年，也是从一无所知、茫然新奇到胸有成竹、偶任授业解惑之职的16年。2015~2017年是行业面临巨大变化的时期，在编者作为主要编制人完成了国家十二五的科研课题项目中园林景观专业国家标准图集的编绘工作之后，自我感觉到了回顾过往，凝练修身，再次整装待发的时候了。同时，编者在近两年的大学院校授课过程中深感院校与社会行业供求关系的不平衡。行业的迅速发展致使企业要求进入企业的是能够胜任工程实战的战士，而不是刚出校门还茫茫然的菜鸟。如何让学生与社会工程接轨甚是困难，重要的接轨机会留给了学生自己碰运气式的实习乱闯。因此，总结并记录自己的所学所用为“园林景观施工图设计实例图解”系列（共三册），以供热衷园林景观行业的学生和刚刚步入职场的年轻设计师观摩学习之用，应该是编者对园林景观行业最为真诚的尊重与热爱的表达了。

（二）本书的内容

一项优秀的园林景观工程建设不仅是自然景观和人文景观的合理保护和融合，同时应该在优美中创造生态的稳定和时代的特色，保证可持续的宜居环境。为了使读者既具备专业知识，又能具备初级的实践技能，本系列从园林景观四大元素中的山、水、建筑、植物，以及照明电气、水专业等方面结合园林景观工程进行分类阐述。本系列共三册，涵盖园林景观工程的五大专项工程。本书为土建及水景工程，包括园林景观场地竖向、园路、铺装等部分土建设计工程以及水景设计工程。

本书针对不同工程都进行了全流程的解读，包括园林景观方案设计要点、常用规范标准、设计深化方法、图纸表达、施工图绘制方法、工程案例现场图解、施工现场把控方向几方面内容。园林景观项目实施中的方案设计阶段为基础知识的归纳，本书以图文并茂的形式讲述常用规范标准，更加便于设计师的理解与使用；图纸表达部分以实际案例为对象，图纸标注方式阐述绘制理论及设计原理；工程专项案例图解部分是多年的工作总结及案例展示，内容不仅限于文字的表述，而是以实践工程为对象，结合项目图纸及现场照片记录和展示施工流程，使读者虽未到达过施工现场，但仍能经历和感受工程现场，有助于理解并增加对园林景观工程的兴趣。

（三）本书的特点

本书有三大特点：

（1）全面。本书无论从园林景观工程的专项工程来看还是从每一专项工程的深度表达来看，横向以及纵深方向都有一定的涵盖。本书以工程实例方式对施工图设计相关步骤进行初步介绍，结构体系突出重点，详略得当，注重知识的融会贯通，突出本书的整合编绘原则。

（2）真实。取材于编者 16 年来的实际设计工程积累。本书着重讲解从设计到施工图绘制乃至工程施工的实现过程，要求阅读者具有一定的设计基本常识理论，重在使阅读者从工程实践中了解设计的实现过程和细节表现。

（3）准确。本书符合国家施工图绘制标准，可作为具有园林景观设计能力和常识的学生进行施工图深化设计自学的材料。本书不仅涵盖了编者的工作经历总结，而且收录了权威的行业规范、条款等内容。本书综合了新的政策、法规、标准、规范以及时下的先进技术，具有较强的针对性和实用性。

（四）本书的读者对象

本书针对的读者涵盖了具有一定园林景观专业知识的在校学生和从事园林景观行业一线工作 3~5 年的年轻设计师。设计师都想通过图纸的完整表达以及巧匠施工，将自己的园林景观作品呈现于世人面前。然而，多数年轻设计师苦于对设计图纸及施工图深化表达无从下手而一筹莫展。

本书符合园林景观设计工程实战逻辑，从设计之初方案深化所需的基本常识以及园林景观常用的法规、规范的使用归纳，到施工图表达，直至施工工程展示的全流程模式，向刚刚涉足园林景观行业的设计师展示园林景观工程的纵观全貌。通过对编者以及所在团队从业 16 年的经验总结，希望能够带给年轻的园林景观设计师以启迪，使他们茅塞顿开，巧用施工图设计，可在落地自己的作品上迈出飞跃的一步。

初入职场的年轻设计师可以本书作为全面梳理园林景观工程实战备战的指导书，从设计到深化表达，再到工程施工图绘制，以及现场施工基础常识储备都会成为对初入职场人员有益的工作指南。

（五）本书的助力

本书的编写过程中得到编者所在设计团队中国建筑设计院有限公司环境艺术设计院设计团队、行业专家、行业领跑者、行业青年设计师和大量的施工现场人员多方位的大力支持，在此表示感谢。由于编者水平有限，难免有疏漏、不妥之处敬请读者批评指正。

主编　朱燕辉

目录 Content

第一章 园林景观工程总述

第一节　园林景观概念

“园林景观”包含如“Landscape Architecture”“Geographical Landscape”“Urban Landscape”等建筑、地理、区域的概念在其中。虽然定义众多，但是都颇具共同特点，在众多的大师解释中这样的说法较为全面和客观，即在构成要素上，在一定范围内必须包括天然的或者人工的地形、水体、植物和建筑物和构筑物；在功能上必须是一个能够提供休憩的场所，人们在其中能够获得生理上或心理上的享受；在形成过程中或多或少有人为的因素参与。

这里所说的“园林景观”设计实施工程项目对应的园林景观分类是根据工作范围进行的。本书中涉及的设计规范及工程案例展示对应着包括公园园林景观、居住区园林景观、道路园林景观、滨水园林景观、办公周边园林景观、厂矿园区园林景观、校园园林景观等园林景观类型，以园林景观构成要素的四方面为本书的研究对象。

第二节　园林景观构成要素和要求

人工自然景观构成与自然界景观的构成要素是一致的，主要包括地形、水、植物和建筑。要素彼此相辅相成，共同形成园林景观，依据人的意志构成园林景观空间。在至情至意中勾勒着设计师的情怀，自古就有以山为骨、水为血脉、建筑为眼、植物为毛发之喻，借助人力塑造理想中的自然，虽由人作，宛自天开。

园林景观的构成要素从自然中提取用于再造自然时有各自的基本要求，以便于统一实施，实现园林景观构想。下面就从地形、水景、建筑物与构筑物小品、植物四方面进行阐述。

（一）地形

地形作为诸多园林景观要素中的基底和依托，地形的塑造是整体园林景观的骨架，总体布置和个体设计关系到园林景观全局中其他要素的后续设计。地形设计的相关基础知识包括很多学科认知，宏观包括景观规划学、美学、生态学、景观工程学等，微观包括土壤学、给水排水专业等。地形设计是因地制宜塑造地形，师法自然，而又高于自然对地形进行的改造设计过程。确定方案后的图纸表达、土方施工等工程学等综合学科的应用才能使美学设计与实用初衷变为现实。

园林景观设计工程中的地形设计阶段主要包括竖向设计和土方量计算。大美最是自然，结合场地的自然地貌地形处理需与其他园林景观元素相协调，淡化人工造景与环境的界限。无论何种创意的地形设计都是由园林景观土建工程设计的地形竖向工程中的填、挖土方，塑造地形来实现的。

（二）水景

作为园林景观之血脉，水景是关乎园林景观成败的永恒主题。对于水这样富有可塑性的设计元素，不仅给园林景观空间带来不同的感受体验，而且其各种自身特性如流速、深度、反光、倒影、水声产生的各种表情也会为园林景观环境增加意想不到的乐趣和活力，同时提高环境的舒适度。

1. 水景的分类

无论天然水景还是人工水景都可分为自然式和规则式。按照动与静的基本形式可以产生静水、流淌、落水、跌水、喷涌等多样的水表情，或是相互组合，或是独立成景。

（1）静水——平静的水体，如湖泊、水池、水塘等。

（2）流淌——流动的水体，如溪流、水坡、水道、溪涧等。

（3）落水以及跌水——跌落的水体，如水幕、水帘、水墙、瀑布、水梯等。

（4）喷涌——喷涌的水体，如喷泉、涌泉等。

2. 水景的造景手法

在水景设计之初，应在对园林景观中水景地位、水景投入有所预期的前提下进行造景手法的选择。水景在园林景观中有时是红花，占主导地位，有时是绿叶，只为衬托主景，有时干脆是背景，但无论哪种角色只要水景运用得当，在园林景观设计中都是关键的构成元素。

图 1-1　昆明湖中的万寿山佛香阁

（1）水景的基底作用。水体是园林景观的主体并且具有较大的面积，如湖泊，作为岸畔景观的基底，或是利用水中倒影，达到扩大丰富园林景观空间的作用。

如昆明湖中的万寿山佛香阁（图 1-1）。万寿山高约 60m，树木与建筑成掩映之势，终年山峦叠翠，本是很沉很重的实体山景，因前临昆明湖，昆明湖这个大的园林景观基底，便把自然视点退后到了湖水的对面，水中倒影跃然而出，给巍然屹立的万寿山和建筑群平添了灵动和生机，此处湖水对于园林景观的成败起到决定性作用。又如琼华岛白塔，在北海湖的映衬下有仙山琼阁之胜景（图 1-2）。

图 1-2　琼华岛白塔

（2）水景的联系作用。水景设计可以将不同的、散落的园林景观场景，或从形或从意上串联起来，形成某一园林景观序列。利用水的不同感官形态或是动静特点，在不同大小的水面、不同高度的变化、时宽时窄的水景变化节奏中，园林景观场景虽内容不同却又因为相同水元素的重复出现形成了统一的园林景观。

西安华远海蓝城利用七种不同的水景表情，通过静水中的涌泉、海螺吐水、水法跌水、流水墙、罐涌、溪流、曲池喷涌一系列的不同水景表情，自园区入口至园林景观核心区，层层递进，联系着一路的风景。不同的水景表情演奏着水景的四大乐章（图 1-3）。

1	2	3
4		
5		

1. 水景第一乐章——静水水源
2. 海螺吐水制造的序列水景
3. 水景第一乐章的高潮——水法
4. 水景第一乐章的结尾——双曲台阶
5. 水法之后水景序曲第二源头

图 1-3　西安华远海蓝城七种不同的水景表情演奏着水景的四大乐章

6. 水景第三序曲人工自然水景的源起，静谧地流淌，走向密林
7. 东入口人工水景轴线作为水景第四序曲的焦点

图 1-3　西安华远海蓝城七种不同的水景表情演奏着水景的四大乐章（续）

（3）水景的焦点作用。一是对园林景观视线的吸引，二是作为园林景观轴线上的焦点，可以产生两种不同的园林景观提示作用。比如昆明湖中一处柳堤，因为湖水的深远，而将景深延长了，对于视线起到了引领的作用（图 1-4）。又如凡尔赛宫中园林景观轴线焦点上的大水景宏伟而精美（图 1-5）。

图 1-4　昆明湖中一处柳堤

图 1-5 凡尔赛宫中景观轴线焦点上的大水景宏伟而精美

（4）水景的生态作用。水生态环境设计概念是博大的，水景影响的不再局限于一园一地，而是市域、地域的范畴，提供城市环境景观以更多的目的及功能。从整体水生态环境设计出发，集所有水体特征贯穿于整体环境设计系统之中，将形、色、动、静、秩序和自由、限定和引导等水体特征应用于全程的水环境处理手法之中。生态环境中水元素的有效梳理及合理化利用会促进生态环境的自我良性循环，特别是有效改善环境微气候。

新加坡碧山公园的水系不仅有自身潮起潮落带来的景观变化，同时也是公园植物生境的主宰者，文化娱乐的承载者（图 1-6、图 1-7）。

图 1-6 新加坡碧山公园生态水岸自然天成

图 1-7 新加坡碧山公园生态水岸与人们的日常

（三）建筑物与构筑物小品

园林景观中的建筑物与构筑物小品是整体园林景观设计中的点睛之笔，既是可被看的主角又可为环境提供使用功能。常见的建筑包括：亭、台、榭、塔、楼、舫等。构筑物小品包括：桥、廊架、花架、墙、门、栏杆、园桌椅凳、园灯等。本系列仅对园林景观中常见的功能性建筑物及构筑物小品进行阐述。

（四）植物

植物是具有生命的园林景观设计元素之一，赋予园林景观以时间、空间上的变幻。把握植物的枯荣形态、尺度、质感、色彩及植物的季相变化，才能创作出具有特色效果的园林景观。植物的选择取决于环境设计意境需要以及与周边生境动植物的共存关系。

第二章 园林景观工程设计类型

园林景观设计内容是按照园林景观四大元素进行分类，园林景观工程即是按照设计内容的落地实施分为五大单项工程，包括园林景观土建工程，园林景观水景工程，园林景观照明、电气工程，园林景观给水排水工程，园林景观绿化工程。每一项园林景观作品的完成都需要这五大工程的共同实施。

第一节 园林景观土建工程设计

园林景观土建工程设计包罗万象，所含内容最为繁多复杂。园林景观土建工程对应的设计内容是地形和建筑物、构筑物设计。因此可以将土建工程再次细分，一般又可划分为：①土方工程设计；②道路与铺装工程设计；③建筑物、构筑物小品工程设计；④山石雕塑工程设计；⑤路桥工程设计。园林景观土建工程设计是构建整体园林景观骨架、实施园林景观施工的主体组成部分。由于景观建筑物、构筑物、小品、山石、雕塑及路桥工程较为庞杂，本书仅对其中的土方工程及相关竖向设计、园路与铺装工程进行阐述，其余土建工程将并入景观建筑与小品工程一册。

园林景观土建工程设计过程中秉承整体统筹，兼顾各专业设计要求，满足规范中强制性条款，从根源上杜绝违规现象的发生。整体协调园林景观的布局，空间感受以人文本，满足山水为主、建筑为从的布局原则。全局设计考量园路、铺装的尺度、质感、色彩带给人们的空间感受；精细对待建筑、山石、路桥的精准化设计，满足人的视觉观感以及体验感受。整体把握园林景观土建工程设计的质量就是为创造园林景观意境打造实体空间基础。园林景观土建工程设计图纸表达内容主要包括：不同比例的平面布局图、各分项内容施工放大详图、不同比例的节点详图。相关的国家现行规范、标准，见第三章的专项说明。

第二节 园林景观水景工程设计

园林景观水景工程设计针对园林景观水体进行方案表达及施工设计，包括的不仅是宏观的布局，更重要的是水体表现形式细部的推敲。运用合理的空间尺度，选择正确的水景形式及外观材料，分析水景建设条件合理化防水及构造特点，绘制符合场地施工要求的园林景观水景工程设计图。与此同时，有一部分工作内容包括与相关专业，如生态学专业、植物专业、土壤专业的相关性设计实践，这样就要园林景观设计师同时具有一定的相关专业常识。水景图纸设计阶段关乎水深避险等相关安全性规范要求，要避免违背相关规范及条款的要求。园林景观土建工程设计图纸表达内容主要包括：1∶200~1∶50一定比例的平面布局图、立面图，水景中具代表性的池底、池壁施工放大详图及不同比例的特殊精细节点详图。相关的规范标准及参考图集包括《地下工程防水技术规范》（GB 50108—2008）、《地下防水工程质量验收规范》（GB 50208—2011）。

第三节　园林景观照明、电气工程设计

园林景观照明、电气工程是园林景观设计中不可或缺的专项设计，其中不仅包括照明布置，还包括配电工程设计、弱点工程设计等，在园林景观效果呈现及必要功能上起着至关重要的作用。其一，照明设计为保证夜间游览及休闲活动提供明亮的园林景观环境，满足夜晚游园需求及节假日演出活动等的要求，起到夜间游园的导向功能；其二，通过灯光的变换，营造色彩丰富的夜间游览视觉效果；其三，对于特别的建筑物、构筑物或植物起到点缀、照明、强化艺术效果的作用；其四，弱电工程包括音响布置、智能控制系统，这也是保证园林景观环境感受良好的必要专业设计。相关的规范标准及参考图集包括如下。

（1）现行的电气设计规范及标准：《民用建筑电气设计规范》（JGJ 16—2008）、《城市夜景照明设计规范》（JGJ /T 163—2008）、《建筑照明设计标准》（GB 50034—2013）、《低压配电设计规范》（GB 50054—2011）、《绿色照明工程技术规程》（DBJ 01—607—2001）、《城市道路照明设计标准》（CJJ 45—2015），及国家和地方其他现行有关规范和标准。

（2）现行的电气设计标准图集：《民用建筑电气设计与施工》（08D800—1~8）、《常用低压配电设备及灯具安装》（D702—1~3）、《接地装置安装》（14D504）、《等电位联结安装》（15D502）、《电缆敷设》（D101—1~7）。

第四节　园林景观给水排水工程设计

园林景观给水排水工程设计是园林景观工程中全程合作的一个专业，总体分为供给与排放两大方向。从竖向设计的排水，到水景工程设计中的给水排水，园林景观建筑的给水排水，再至植物绿化工程中的喷灌设施，园林景观给水排水工程设计无处不在。随着时代的发展，园林景观工程的综合性发展趋势，园林景观生态雨水利用设计也与园林景观的给水排水工程有着密不可分的关联性。在《绿化及水电工程》一册中将全面阐述园林景观给水排水工程的方方面面。

园林景观给水排水工程设计有着自身的特点，其一，自成多系统的专业，包括园林景观区域内的生活用水与排水系统、水景工程给水排水系统、灌溉系统、生活污水系统、雨水排

放收集利用系统；其二，量化是关键，水量的计算对于精准完成园林景观水景呈现度有着至关重要的作用；其三，符合国家相关的卫生用水控制要求；其四，最具环保能效控制的专业工程之一。

园林景观给水排水工程设计图纸表达包括说明、系统图、平面布局图、土建节点详图、设备详图等。相关的规范标准及参考图集包括《室外给水设计规范》（GB 50013—2006）、《给水排水管道工程施工及验收规范》（GB 50268—2008）、《埋地硬聚乙烯给水管道工程技术规程》（CECS 17—2000）、《埋地硬聚氯乙烯排水管道工程技术规程》（CECS 122—2001）。

第五节　园林景观绿化工程设计

园林景观绿化工程设计是以乔灌花草植物为设计本体，集专业性与实践性相结合的综合性应用基础设计，它不仅涉及植物学、树木学、花卉学、土壤肥料学、地质地貌学、气候学、植物保护学等学科，而且与园林风景学、生态学、生态系统学、园林景观生态学、环保学等有着密切的关系。

园林景观植物认知是设计阶段的基本技能要求，在了解各种生态因子需要的基础上，充分发挥乔木、灌木、草本花卉、藤本等植物本身的形态、色彩、感知等方面的特征；然后是配置，通过艺术手法进行合理的配置，创造与周边环境相适应、相协调并具有一定功能的艺术空间。园林景观绿化工程受环境影响较大，需要考虑植物栽植时与天气的相关性，在工程实操中保证植物栽植成活率。

园林景观绿化工程设计的目标包括三个方面：一是各种植物相互间的配置达到某种园林意境；二是植物与其他园林要素如山石、水体、建筑、园路、小品等之间的搭配达到协调美；三是植物的有益生长能够改善当地植被群落演替生息的生态效应。随着环境建设的发展和人们审美意识的不断提高，植物景观营造不仅成为人们单一审美情趣的反映，而且满足了生态、文化、艺术、生产等多种功能园林景观诉求。

园林景观绿化工程设计图纸表达包括说明、苗木表、平面布局图、种植立面设计图等。有必要时，要掌握各类植物的树穴标识方法及栽植方法。相关的规范标准及参考图集有《环境景观—绿化种植设计》（03J012—2）。

第三章 园林景观竖向设计

竖向设计属于园林景观土建工程设计中的土方工程，主要分为两个类型：一是场地竖向设计，二是山地地形竖向设计。结合多年的工作经验，在本章中我们会对竖向设计的基本常识和主要注意事项加以归纳和总结，并列举相关的案例供大家参考。

第一节 竖向设计基本常识

园林景观设计工作一大重点也是难点就是竖向设计，做好园林景观竖向设计工作不仅需要立体的思维能力、感知能力，更重要的是能够活学活用竖向设计的相关规范、限制条件，这就需要设计师全方位的综合协调能力。

（一）竖向设计工作内容

作为园林景观设计师，应该明确园林景观的竖向设计到底是在做什么，设计工作包括哪些内容。

1. 竖向设计是利用与改造原始地形条件创造新布局的工作

利用与改造原始地形，合理布局场地的位置及形式；最大限度地利用原地形的起伏特点设计山地、坡地、平地；合理运用平坡式、台阶式、混合式地形模式组织丰富的园林景观竖向空间（图 3-1）。竖向空间设计就是选择设计场地地面的连接形式，要综合考虑的因素包括自然地形的坡度大小、场地面积大小及土石方工程量多少等。

图 3-1　平坡式、台阶式和混合式的地形

竖向设计在尺度不同的园林景观项目中有不同的局限性。大尺度园林景观设计工程，如风景区设计、公园设计等，园林景观专业作为总体设计的第一步，成为场地设计、塑造地形的主体控制专业。首先，园林景观竖向设计就应对全区域的原始地形图加以分析利用，将不同山地风景、活动场地进行合理的空间布局。小尺度园林景观设计，如居住区、建筑周边园林景观设计等，首先应遵循场地的总体规划设计要求，适度地改造、深化园林景观竖向设计，重在运用多种园林景观地形设计的技法解决竖向问题，不仅保证功能还要兼顾美观。山地住宅区域规划之后进行的园林景观竖向深化设计，注重的就是园林景观空间细节的处理。

图 3-2~ 图 3-4 所示项目位于西班牙特赫拉、阿尔米哈拉和阿拉马山脉自然公园，距离知名的旅游胜地内尔哈岩洞不远。借助原有山体走向打造游览的路径，并在山坡和路径之间设置园林景观节点，提供逗留和观景的场所并配备一些基本功能。竖向设计的意义是让这个地方保持原有地貌的自然。

图 3-2　鸟瞰西班牙特赫拉、阿尔米哈拉和阿拉马山脉自然公园

图 3-3　西班牙特赫拉、阿尔米哈拉和阿拉马山脉自然公园的山顶建筑

图 3-4　西班牙特赫拉、阿尔米哈拉和阿拉马山脉自然公园的山顶瞭望亭和平坡园路

2. 处理相关竖向条件的限定

结合市政路网、区域内总体路网、建筑的高程往往是控制园林景观场地形式、高程和坡度的三大要素。无论大尺度或是小尺度，园林景观设计总是有边界的设计，产生了边界就产生了交接关系，处理好这些交接点的竖向空间问题是竖向设计的一大任务。在地界红线的边缘接驳处理时需要遵循市政路管网为优先条件，而在区域内建筑临界面是优先条件，园林景观设计区域内部也会受相关专业条件的空间制约。

3. 竖向设计排水方案

竖向设计应综合考虑有效简洁的排水方案，以及充分合理利用、收集和存蓄雨水的方案。在低影响开发的诸多生态技术中寻找恰当措施便于收集利用雨水。在降雨较大的地区，园林景观措施对于缓解城市雨水初期排放的作用是很大的。位于西班牙芒特牛斯山的山坡上的巴塞罗那植物园。公园的设计充分考虑到基址的地形状况及当地的气候影响，在空间组织上运用了分形几何的构图法将全园划分成若干个三角形的区域，道路随形在这些划分好的特定区域边界中。这里有一座能够俯瞰加泰隆尼亚首府宏伟景色的露天剧场。排水系统也巧妙地掩映在露天剧场的台阶看台之下了（图 3-5、图 3-6）。

图 3-5　巴塞罗那植物园排水系统

图 3-6　巴塞罗那植物园坡地小舞台下的排水系统

4. 土石方工程的平衡

场地或是山地园林景观设计中土石方工程的平衡，即设计区域内的填挖方达到自我平衡，可以使方案经济、可行性高。这要求园林景观设计师具备一定的土方计算能力或是估算能力。

（二）竖向设计应用规范和标准

园林景观设计可谓是“杂家”，涉及专业广泛，可遵循的国家现行相关规范和标准就包括交通、规划、防洪、给排水、建筑、土木、海绵城市等专业。需要掌握我国的现行相关规范和标准，以此作为竖向设计的法规性依据。

在这里总结一下多年的竖向设计工作中常用的也是必须遵循的几项国家规范及标准：

《城市道路交通规划设计规范》（GB 50220—1995）、《城乡建设用地竖向规划规范》（CJJ 83—2016）、《城市居住区规划设计规范（2002 年版）》（GB 50180—1993）、《室外排水设计规范》[GB 50014—2006（2014 年版）]、《防洪标准》（GB 50201—2014）、《民用建筑设计通则》（GB 50352—2005）、《全国民用建筑工程设计技术措施—规划 · 建筑 · 景观》（2009JSCS—1）等。

（三）场地竖向设计的感知

竖向设计需要掌握的基础知识包括各类场地的坡向要求，设计合理的排水坡向。无论是原始地貌或规划限定条件，设计师对场地坡度都要有一定感知力和目测识别能力，这样在创作时就会对各种坡度灵活应用。年轻设计师在园林景观设计时的难点在于面对那些规范中的坡度要求不理解，感觉不直观。同一坡度针对道路、场地、绿地等不同场地的应用要点各有不同，下面的表格分享给大家的是对于竖向设计感知体会，通过对常用场地坡度举例及备注心得帮助大家建立起数字和场景的联系。在坡地的相关描述中一般包括平坦地、缓坡地、中坡地、陡坡地、急坡地和悬崖地 6 种坡地。

1. 关于坡度的直观感受

常用场地坡度应用见表 3-1。

表 3-1　常用场地坡度应用

坡度描述	坡度表达方式（*i*）	感受应用
平坦地	百分比：0.2%~3% 比例：1∶500~1∶33 度数：0°～1° 43’	一般情况下，自然地形坡度小于 3%，应选用平坡式竖向空间布局。这个坡度感受基本上是平地，道路及建筑物、构筑物可以自由布置，但需注意场地排水。这个坡度使用范围很广，从大型广场到你家门前。此坡度适合各种园林景观常用场地及一般绿地
	场地典型图解	天安门广场是最为人耳熟能详的公共场所之一。由于它的宽大，整体的坡向及坡度都难以感受出来 集散性广场、商业步行街、街头公园的活动场地，在我们生活周边的诸多场地竖向设计都可以选择这样的坡度设计
	绿地典型图解 	一年一度的植物园郁金香大会，坡度 3% 以内的疏阔草坪上布置带状的郁金香活跃了环境气氛。平缓的内部空间也可以运用低平的植物布置来补充。比如远处以绿树作为背景，鲜花作镶边打底
缓坡地	百分比：3%~10% 比例：1∶33~1∶10 度数：1° 43’~5° 43’	这个坡度可以适用于道路、场地、草坪。站在坡度大于 3% 的广场地面会有倾斜的感觉。道路可以沿纵坡向自由布置，较为灵活，此类场地上的园林景观建筑物、构筑物布置不受约束 此外，此坡度运用于绿地中时，一般处理为平缓的地形，功能是供人们集散、休息或进行一些草坪休闲活动
	场地道路典型图解 	天天出入的家门口，设置了栏杆扶手的坡道，走走看，感觉一下大于 5% 的坡有多陡

（续）

<table>
<tr><th>坡度描述</th><th colspan="2">坡度表达方式（i）</th><th>感受应用</th></tr>
<tr><td rowspan="3">缓坡地</td><td rowspan="2">场地道路典型图解</td><td></td><td>布法罗散步道公园，连贯的坡道随地形起伏，包括了步行、慢跑、自行车、台阶健身等活动步道形式。顺山路道路坡度在 6% 以内时，道路可以按一般道路处理，沿等高线布置缓解坡陡问题</td></tr>
<tr><td></td><td>坡度在 6%~10% 时沿等高线设计盘山道以减小坡度</td></tr>
<tr><td>草坪典型图解</td><td></td><td>平缓的道路、平缓的绿地观视效果流畅舒展，尤其是与有背景林的开阔草坪空间搭配，是疏密有致的典型设计手法，但开阔的草坪上缺少私密性和活跃性</td></tr>
<tr><td>缓坡地</td><td>草坪典型图解</td><td></td><td>以缓坡地为背景的平坦草坪，点植竖向高大的乔木，凸显宽与高的对比</td></tr>
<tr><td>中坡地</td><td colspan="2">百分比：10%~25%
比例：1∶10~1∶4
度数：5° 43'~14° 02'</td><td>中坡地的坡度适用于公园、游园小路中带有情趣的道路上。园林景观建筑布置会受到一定影响，需要顺等高线布置，跨越等高线布置时内部必须分级设置梯级。这样的地形设置，车行道不宜垂直等高线布置，步行道垂直等高线布置时需要设台阶
微地形也是这个坡度适用范畴中的。在造园工程中，适当的微地形有利于丰富造园要素，形成多层次园林景观，加强园林艺术性，达到改善生态环境的目的。在设计中一般用地规模较小，而且多以人工改造后的地形为多。地形高低起伏变化不大时，可以对微地形进行细腻的人性化设计。特别是应用在现代园林景观中，可以充分表现地形的特征，独具一格</td></tr>
</table>

（续）

<table>
<tr><th>坡度描述</th><th colspan="2">坡度表达方式（i）</th><th>感受应用</th></tr>
<tr><td rowspan="3">中坡地</td><td rowspan="3">场地道路典型图解</td><td></td><td>自然地形坡度大于 8% 时，采用台阶式，但当场地长度超过 500m 时，虽然自然地形坡度小于 3%，也可采用台阶式。临近 10% 的坡地可局部设置台阶，4~5 级台阶可集中缓解一下高差，减缓步道的陡坡。台阶连接段的坡度在 6% 以下时，可以按照一般园路处理</td></tr>
<tr><td></td><td>园路坡度超过 10% 时，园路增加台阶梯道，台地凌空大于 0.7m 时需要考虑护坡措施</td></tr>
<tr><td></td><td>山地园路因受地形限制宽度不宜过大，一般大路宽度 1.2~3m，小路则不大于 1.2m. 当纵坡超过 10% 时，就需要设置连续台阶，山道台阶每 15~18 级可以有一段平坦的路面让人休息</td></tr>
</table>

（续）

<table>
<tr><th>坡度描述</th><th colspan="2">坡度表达方式（i）</th><th>感受应用</th></tr>
<tr><td rowspan="4">中坡地</td><td>场地道路典型图解</td><td></td><td>布法罗散步道公园，垂直山体等高线的道路纵坡超过10%，宽度为1.5m，9~10级台阶为一平台，适合作为台阶式的健康步道</td></tr>
<tr><td rowspan="3">草坪典型图解</td><td></td><td>中坡地可以设计为小游园、住宅区中的自然微地形。人们感觉舒适的微地形坡度一般控制在25%以内，坡高控制在视线1.5m以下</td></tr>
<tr><td></td><td>中坡地地形通过坡顶种植背景化的植物群落强化区域感，疏密变化展现坡地的疏朗、平缓，空间收放自然</td></tr>
<tr><td></td><td>微地形人工塑造的魅力展现。园林景观中的特殊几何造型堆坡，是在园林绿地范围内做地形的起伏。在现代园林景观设计中运用广泛</td></tr>
</table>

（续）

坡度描述	坡度表达方式（i）	感受应用	
中坡地	草坪典型图解		圣地亚哥池塘儿童公园布置矩阵式的土丘，在形与色的对比组合中强化了视觉张力。土丘的坡度约 16%，即 10° 以内
		  	跳跃的鼓丘，针叶形的覆草土丘象征着冰川运动地带所遗留下的起伏的地势。土丘高矮不一，但坡度近似。园林景观地形艺术感转化成形态鲜明的图形语言，使人易于理解
			10%~30% 的坡度草坪还可以这样用，那就是人们很舒适地躺在上面晒太阳，这也是很流行的健康园林景观设计方式之一

（续）

<table>
<tr><th>坡度描述</th><th colspan="2">坡度表达方式（i）</th><th colspan="2">感受应用</th></tr>
<tr><td>中坡地</td><td>草坪典型图解</td><td colspan="2">
</td><td>位于林肯中心的广场上，这片倾斜的绿色草坪下面是一家两层的餐厅，旁边还挨着一个倒影池。倾斜的草坪与广场地面相接，行人可以在草坪上野餐和观赏风景</td></tr>
<tr><td rowspan="3">陡坡地</td><td colspan="2">百分比：25%~50%
比例：1∶4~1∶2
度数：14° 02’ ~ 26° 34’</td><td colspan="2">陡坡地是多在山地园林景观设计中遇到的地形条件。借助自然条件开展山地活动，做成陡坡的梯步道路。车道需与等高线成较小锐角布置。园林景观建筑的布置设计受到较大的限制，涉及较大规模的山体工程</td></tr>
<tr><td rowspan="2">道路典型图解</td><td colspan="2"></td><td>原生态的园林景观特征，就地取材，台阶高度依据自然石材的高度铺设在可控范围之内即可。山地台阶每一级可攀爬高为 17~20cm</td></tr>
<tr><td colspan="2"></td><td>凤凰岭的崎岖陡坡台阶步道，利用岩石隙地栽种耐旱的灌木为主；适宜点缀占地少的风景性建筑</td></tr>
</table>

（续）

<table>
<tr><th>坡度描述</th><th colspan="2">坡度表达方式（i）</th><th>感受应用</th></tr>
<tr><td rowspan="3">急坡地</td><td colspan="2">百分比：50%~100%
比例：1∶2~1∶1
度数：26° 34'~45°</td><td>基地坡度较急，车道需曲折盘旋而上，梯道需与等高线成斜角布置，建筑设计需特殊处理</td></tr>
<tr><td>道路典型图解</td><td> </td><td>急坡山路顺等高线布置。西安的最美盘山公路</td></tr>
<tr><td>特殊坡道典型图解</td><td> </td><td>极限运动之U板赛，不仅是坡度要精细化，更多的强度要求是滑板制作的关键</td></tr>
<tr><td>悬崖地</td><td colspan="2">百分比：＞100%
比例：＞1∶1
度数：＞45°</td><td>车道及梯度布置极困难，修建房屋工程费用大，一般不适用于建筑用地</td></tr>
<tr><td>悬崖地</td><td>典型案例图解</td><td> </td><td>凤凰岭的山梯，主要用作山地活动，被做成陡峭的陡梯，增加了风景地本身的险峻特色</td></tr>
</table>

2. 地面材质的质感与竖向坡度的关系

地面材质对于场地排水的地面径流表现有很大的影响力，园林景观常用裸露土面的排水坡度见表 3-2。

表 3-2　园林景观常用裸露土面的排水坡度

序号	地面种类	排水坡度 i（%）
1	黏土	$0.3 \leq i \leq 5.0$
2	砂土	≤ 3.0
3	轻度冲刷细沙	≤ 1.0
4	湿陷性黄土	建筑物、构筑物周围 6m 范围内 ≥ 2，6m 范围外 ≥ 0.3

第二节　场地竖向设计

竖向设计处理高差的迥异造成关注点及设计方法都有所不同，按照高程的坡度范畴，我们习惯将竖向设计分为场地竖向设计、山地地形竖向设计。

场地竖向设计主要是根据规范的要求，确定道路、广场、台地、坡道、桥梁、横纵坡度、交叉点、边坡点等高程，使内部与外部交通通畅，园路、场地与建筑物、构筑物的标高衔接合理舒适。对于自然地形坡度小于 5% 的场地，可视为常规平坦场地，多采用平坡式布置。

（一）园林景观各类场地竖向设计

常用园林景观场地坡度为 0.3%~3.0%，现行相关规范中给出了更为具体的适用场地类型。对应着典型的场景，结合场地设计总结出了一些设计心得，希望能带给大家一些设计上的感悟（表 3-3）。

表 3-3　园林景观常用场地类型坡度应用

序号	场地类型	适用坡度 i（%）	设计常用知识点	感受实际案例
1	密实性地面及广场	0.3~3.0	密实性地面包括市民广场、小区活动场地、公共建筑前的广场等。0.3% 的坡度为最小的适宜排水坡度，场地坡度小于 0.2% 时，宜采用多坡向，或结合排水设施排水。结合地面铺装的材料选择地面坡度，较为粗糙时可以选用较大坡度 坡度越大越不利于规整石材铺就的场地	 

（续）

序号	场地类型	适用坡度 i（%）	设计常用知识点	感受实际案例
2	停车场	0.2~0.5	一般停车场竖向排水设计原则是汇向道路中心排水，在道路与车位接驳处设计布置排水口，车道形成双坡。种植大型乔木遮阴，以及地面采用嵌草砖铺装的生态停车场，排水设计方案应考虑其汇水区避让树木，车位嵌草区域坡度不易过大造成泥土的流失	
3	运动场	0.2~0.5	这里提出的仅是一个适宜的坡度范畴，由于各类运动场地使用规则复杂，在设计专项及专业运动场地时，需要详查图文并茂的《体育场地与设施》（08J933-1）	
4	儿童游戏场	0.3~2.5	注意项目是否在季节性的结冰地区，坡度设计与地面材料需要共同考虑 儿童游戏场地拓展方向是地景式场地，利用自然坡地创造儿童活动场所，感受回归自然玩耍的机会。连续地形下的各种坡度、高度、坡面的坡地体验带给儿童的感受是丰富的、有趣的	
5	一般场地	0.3~2.9	所谓一般场地是指人为活动的非专类场地，如社区的休闲广场	
6	绿地	0.5~1.0	绿地排水坡度特别针对草坪排水，以及那些种植不耐水湿植物的绿地。多数排水形式为自然排水并同时设置草地雨漏，缓解暴雨时的顺时过大雨量	

（二）园林景观各类道路坡度坡向设计

各类园林景观道路坡度坡向见表 3-4。

表 3-4　各类园林景观道路坡度坡向表

<table>
<tr><th rowspan="2">道路类别</th><th rowspan="2">横坡
坡度 i（%）</th><th rowspan="2">适宜最小坡
坡度 i（%）</th><th colspan="2">适宜最大坡</th><th rowspan="2">极值坡度
i（%）</th><th colspan="2">多雪严寒地区最大纵坡</th></tr>
<tr><th>坡度 i（%）</th><th>坡长 L</th><th>坡度 i（%）</th><th>坡长 L</th></tr>
<tr><td>机动车道
（主园路）</td><td>1~2</td><td>≥ 0.5</td><td>≤ 8
≤ 11</td><td>≤ 200m
≤ 80m</td><td>0.3~11</td><td>≤ 5.0</td><td>≤ 600m</td></tr>
<tr><td>机动车道
（次园路）</td><td>1~2</td><td>≥ 1</td><td>≤ 10</td><td>≤ 80m</td><td>0.5~15</td><td></td><td></td></tr>
<tr><td>非机动
车道</td><td>1~2</td><td>≥ 0.5</td><td>≤ 12</td><td>≤ 50m</td><td>0.3~20</td><td>≤ 2</td><td>≤ 100m</td></tr>
<tr><td>游览步道</td><td>1~2</td><td>≥ 0.3</td><td>≤ 8</td><td>≤ 100m</td><td>≤ 12</td><td>≤ 4</td><td>≤ 50m</td></tr>
</table>

要根据道路宽度确定道路横断面的形式，一般宽度小于 4.5m 道路可采用单坡，否则，采用双坡。

（三）常用竖向设计工程知识点

以上介绍的是在平原地区的园林景观场地、道路坡度坡向的常用数值，在具体园林景观设计过程中建筑物、构筑物、道路、场地在相互衔接的时候竖向设计还有一些必要的知识点。竖向设计重点考虑的是道路及场地雨水的排除，下面分类进行阐述。

1. 建筑物、构筑物竖向设计

建筑物首层出入口在园林景观竖向处理中是较常遇到的问题。入口归为平接入口式和台阶式。室内外的地坪高差一般为 15~30cm，可根据不同建筑地基和场地竖向调整。住宅室内外高差 30~60cm，学校、医院室内外高差 45~90cm。室外地面如果直接道路时，至道路的坡度最好为 1%~3%。

园林景观建筑物、构筑物周边的控制标高因场地坡度的变化而有较大高差变化，要以统一的建筑地坪与外部衔接，通常采用三种处理方案：① 外部场地较大且可近似看作平缓场地时，建筑物、构筑物周边散水采用统一标高，在散水外围扩大区域解决与周边场地竖向衔接问题。②当建筑物、构筑物较长时，可采用不同建筑地坪高程与周围场地高程对应。比如，较长构筑物中围栏设计就需要与地形起伏同步分段设定墙底标高与周围场地对应。③ 根据不同的地坪内外高差设置相应级数台阶，与场地连接。在坡度起伏较大的区域，三种竖向措施可综合使用。

在建筑入口，为了防止雨水回流可以增加排水沟，现代建筑边缘的泛水沟，有石铺、缝隙排水沟，有的连续，有的断续，构筑物景墙的一侧暗藏园林景观线性排水沟。各类型排水沟的细节设计都能体现出建筑物、构筑物边界的排水处理与园林景观手法的结合表现（图 3-7）。

图 3-7　各类型排水沟的细节设计

2. 建筑物前的广场及道路竖向设计

场地和道路的坡度坡向是控制排水方案的关键。对于排水方案可以依据场地道路绿地的不同联系方式设计合理的排水方案，就设计中常遇到的几种组合情况进行总结。道路的标高要低于广场地坪的标高，场地的雨水找坡坡向道路，通过道路两侧排水。建筑物标高低于道路时，建筑物前散水处设计明沟或者暗沟。下面是老街坊的石铺路排水（图 3-8）、欧洲狭窄巷道的中心排水（图 3-9）、现代街道共用的雨水收水系统与园林景观水景相结合的排水（图 3-10）。

图 3-8　老街坊的石铺路排水

图 3-9　欧洲狭窄巷道的中心排水

图 3-10　现代街道共用的雨水收水系统与园林景观水景相结合的排水

3. 广场、道路和停车场竖向设计

广场、道路、停车场相互接驳时会发生很多现实交接问题。场地低于临近的市政道路不利于场地排水时，需防止周边雨水倒灌入场地，可采取提高场地高程、加大场地与外部连接处坡向坡度等竖向技术措施，确保场地雨水的快速排出。如果场地过低造成填方量过大，不得不将场地标高设置低于外围道路标高时，也可局部抬高入口处标高防止外部雨水倒灌，场地内根据场地汇水面积、暴雨强度计算最大水量，设置截水沟等竖向技术措施将场地内雨水快速排出。过于平缓的场地，排水地坡度要保证大于 0.2%，必须配合增设雨水管线、雨水口，并导入大市政雨水系统。

平原地区广场坡度为 0.3%~1%，停车场最小坡度为 0.3%，平行通道方向的停车位纵坡小于等于 1%，横坡小于等于 3%，横坡根据情况向通道方向找坡时，通道需在交接处设计排水口，如图 3-11 所示。与广场和停车场相连的道路坡度在 0.5%~2%，场地受限时不得大于 7%。一年中有积雪的寒冷地区的广场坡度不得大于 6%，在道路与广场，建筑出入口与场地的衔接处都不要大于 2%。

广场和停车场的大小与采用的排水方式有关系。一般来说，场地单向长度大于等于 150m，停车场地面纵坡大于 2%，且单向长度大于等于 100m 时，场地就要使用分散排水方式。

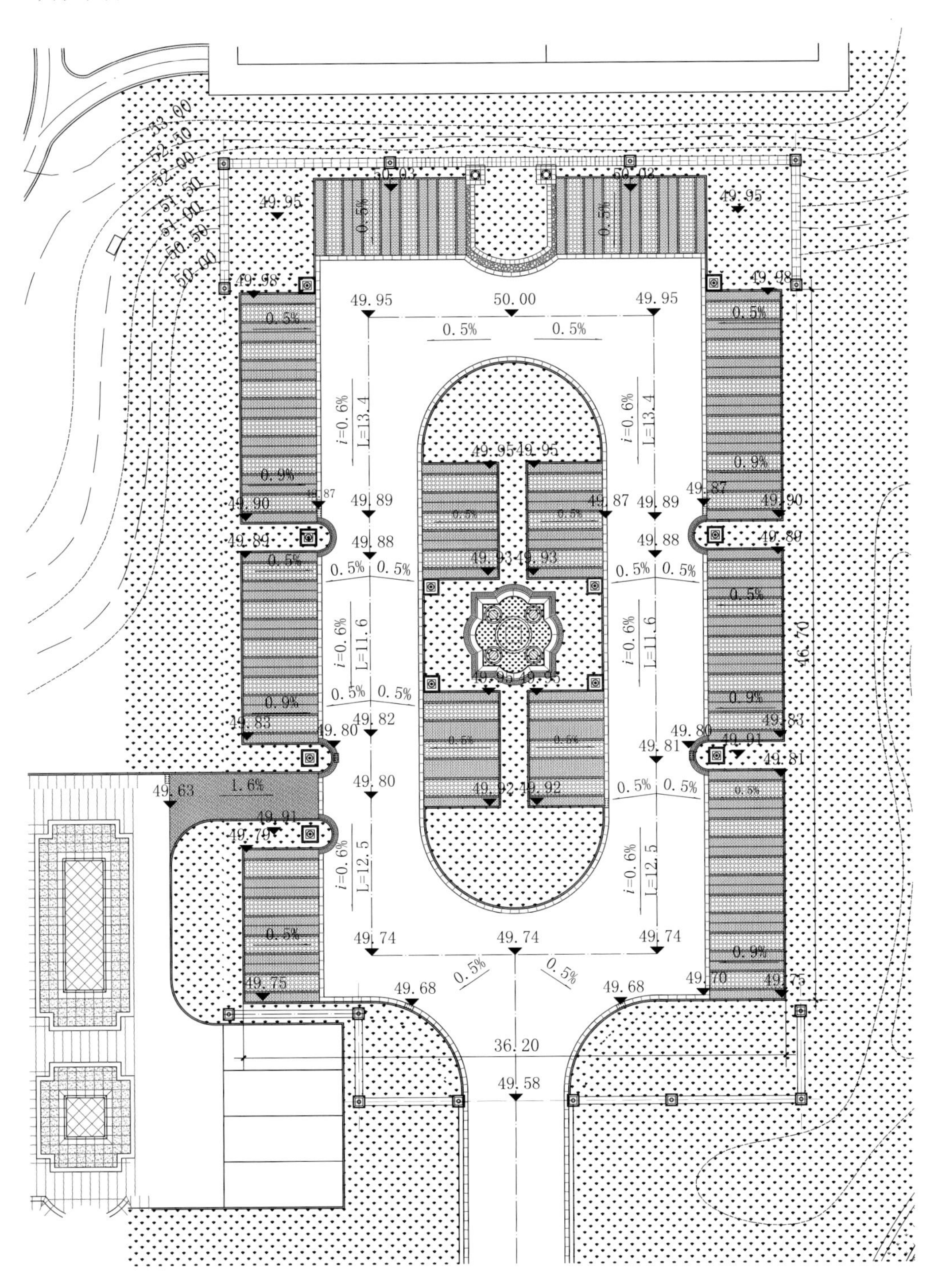

图 3-11　停车场排水图

4. 在运动公园园林景观设计中常用的运动场竖向设计

专业运动场地，如足球场排水就有三种方法（图 3-12）。针对实土草地最好的办法就是地表找坡、下渗，同时设置盲管强制排水联合使用。跑道的横坡 1%~2%，纵坡不大于 1%，场地周边设置边沟，足球场坡度为 0.3%~0.4%，这类场地的排水可以是延长轴或横轴的两面坡或四面坡、环形坡，决定于周边环境。

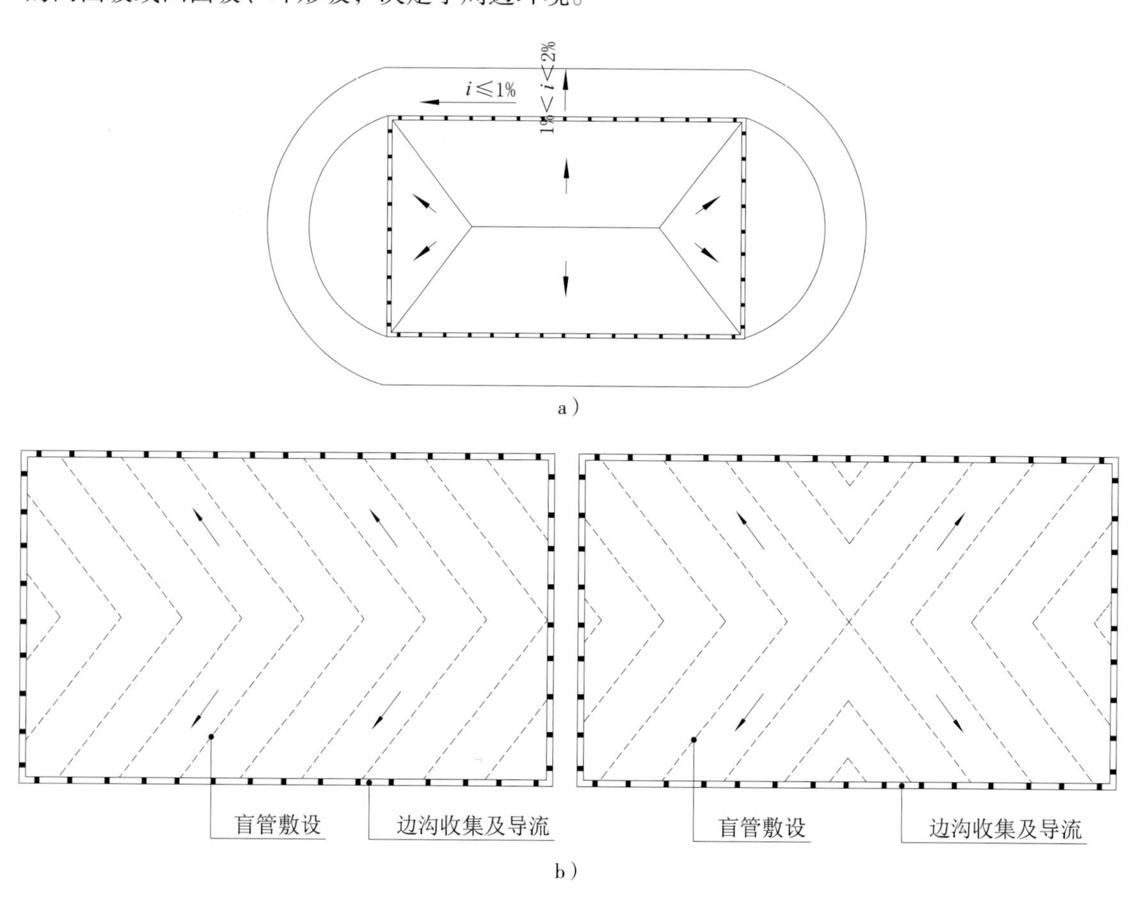

图 3-12　足球场排水

a）足球场排水坡向示意　b）足球场地盲管铺设两种坡向示意

在室外常用的矩形场地包括羽毛球场、篮球场、网球场。羽毛球场一般为混凝土地面，坡度为 0.6%~0.8%；篮球场一般为彩色混凝土地面，坡度为 0.6%~0.8%；网球场一般为彩色混凝土地面或其他不透水地面，坡度为 0.6%~0.8%。如果是土地或草地的透水型地面坡度可以选用 0.3%~0.4%。

5. 绿地竖向设计

满足绿地地表径流的坡度可以选择 0.5%~1%；对于之前提及各种在绿地中的坡度既适宜人的活动又适宜草坪的生长坡度可以选择 1%~10%。

绿地土方回填时，一般情况下，采用机械夯实，底层密实度可达到 95%，人工夯实密度可达到 87%，预留 30cm 于上层进行覆土撒草籽或铺设草皮。设计师需了解夯实工程情况方能指导施工现场实现设计目标。大面积的堆方通常不夯实，而是借助土壤自重沉降达到要求密度。关于密度不仅堆山时需要了解，在一般土建工程的基础设计中也有体现。

在几个湿陷性黄土区的项目中，处理基础时特别做了处理。基础为填方时，应该分层夯实或压实，压实系数不能低于 90%；挖方处理针对自重湿陷性黄土场地，表面压实后需要补填 15~30cm 厚的灰土，且灰土压实系数不低于 93%。

振动夯实可以进行多基础界面操作，使用起来比液压推动夯实机灵活。振动夯实机是平板式夯实机，包括蛙式夯实机、内燃夯实机，作用效率高，夯实质量好，常用的是跳动冲击夯实机（图 3-13a），常用于面积狭窄的空间。主要使用于建筑、构筑物基础和结构件周围回填的压实， 路基标高到垫层基础的压实。由于园林景观场地较小，所以更适合使用跳动冲击夯实机。液压振动夯实机（图 3-13b）在园林中常用于大型路面路基沟底部、护坡等，且劳动强度和工效要求大幅度优于内燃夯实机。

a）

b）

图 3-13　振动夯实机与液压夯实机

a）跳动冲击夯实机　b）液压振动夯实机

6. 河湖水系园林景观及周边场地竖向设计

园林景观河湖设计中的周边场地高程尽可能不低于常水位线形成倒置的高程关系。场地设计应低于洪水位线，注意防洪，需要进行经济性比较，选择采取抬高场地高程或其他结合水利工程进行的防洪排涝措施。

园林景观设计中的人工湖等可以作为收集雨水的设施，收集的雨水可经初步杂物净化排入人工湖。若场地地势较低，需要人工机械提升雨水排出区域时，人工排水措施运行费用高，且需要注意场地要有保证电源以及水泵的平时维护措施，确保水泵的正常运行。在雨量大，有洪涝灾害的地区不可采用此方式。

园林景观河湖水系设计时需要确定水系的形态、位置、轮廓、走向，不同驳岸形式上的竖向标高，水面、池底堰口等标高，同时要考虑高程变化的始末从哪里来去向哪里。驳岸的绘制中也包括岸边的植被栽植区，分湿生、半湿生半干旱，以及干旱区植被的分布区域轮廓线。结合植物的栽植环境，水池深应该在 60~100cm 的范围内考虑，有需要时可以考虑水系中心区达到 1.5~2m。但在水系竖向设计中有一点强制性执行的设计规范如下：人工硬池水体近岸处 2m 内，水深不得超过 0.7m；园桥或汀步的水系驳岸近岸处 2m 内水深不得大于 0.5m，否则均需设护栏。水景等高线的表达如图 3-14 所示。

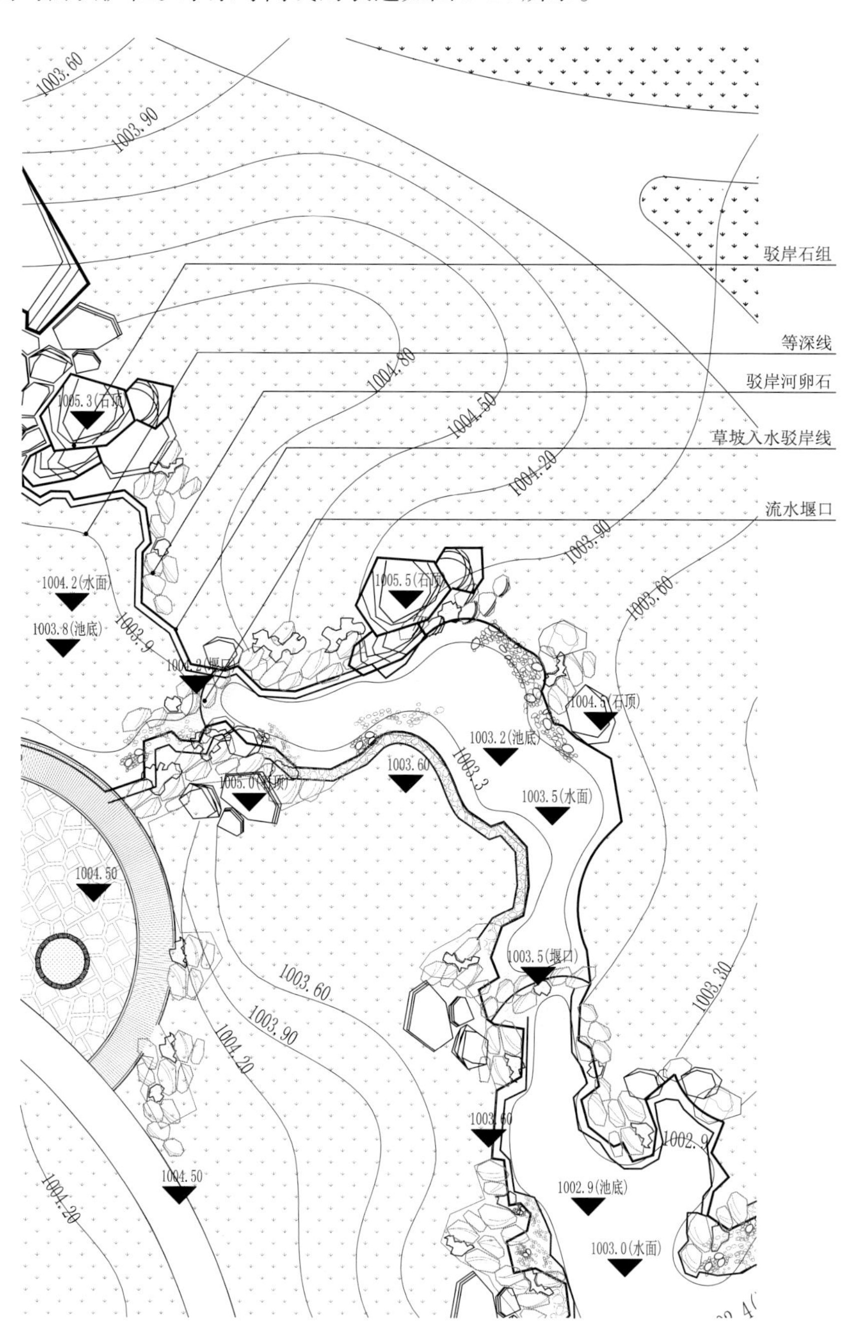

图 3-14　水景等高线的表达

7. 坡地地貌竖向设计

根据表 3-3，不同的坡度采用不同的园林景观处理方式。

坡度 5%~10%，场地面积较小或坡度较小时可采用平坡式。当园林景观空间沿等高线布置时，小于 6% 的道路可以消减台阶的使用。当场地之间采用台阶式时，相邻台地高差宜控制在 1.5~3.0m 之间，并设园林景观挡土墙或护坡，台地之间的步行交通联系需要连贯，必要时依据无障碍设计进行设计，如青岛德国中心项目楼间核心区坡度 8% 的台地处理（图 3-15）。车行道的坡度需要根据场地所处气候区控制最大坡度及坡长，对应表 3-4 选取。

图 3-15　青岛德国中心项目楼间核心区坡度 8% 的台地处理

图 3-16　四方新城小区内部小空间的台地式设计

图 3-17　四方新城小区入口台地式设计

青岛德国中心项目楼间核心区自道路至湿地水岸为坡度 8% 的场地，总体高度在 8m。设计中保证两边消防车道的通行。人行的步道空间由于是大于 6% 的坡度，所以处理为台地式。每梯三至四级的台阶，形成 70~90cm 的花台交错形式，有效地缓解了坡度带来的不适之感。

坡度 10%~25%，园林景观活动场地布局应分为若干台地，场地可以垂直登高布置，相邻台地高差宜控制在 1.5~3.0m 之间，并在侧向设台阶挡墙或护坡，挡土墙高度超过 3m 时宜分台设置。台地之间的步行道路联系可设置多梯段台阶，每一梯段不超过 18 级台阶。车行道沿等高线布置，车行道的坡度需要根据场地所处气候区控制最大坡度。

四方新城小区内部的长轴方向 120m，高差 15m，场地垂直等高线布置，相邻台地之间做 10 级以内的台阶处理，平台处小于 3% 坡度的设计（图 3-16）。

坡度 25%~50%，园林景观活动场地分为若干台地，且平行等高线布置。坡地的建筑物、构筑物常采用错层或掉层法消化场地高差，随之留给园林景观的场地空间也应遵循上述原则布置，且步行道的多梯控制每一梯不多于 18 级。要注意园林景观台阶雨水的排放，最高平台处结合挡土墙设置截水沟，在暴雨地区或在最低平台区设置截水沟，避免雨水对最低处场地的冲刷。

四方新城小区的入口处 70m，场地高差在 22m，利用场地的交错设计平行于等高线布置的平台。每梯台阶控制在 10~15 阶之间（图 3-17）。

坡度50%以上，场地工程重点在于护坡、挡土墙、截水沟的设置，采用人行梯道连接场地，不再考虑车行道的设置。因此，整合场地分析、场地总平面布局，确定场地空间园林景观设计元素，确定场地总体竖向方案，设定初步场地高程就是园林景观竖向设计的基本原则，并依次验证以下几点：①土方工程是否经济合理；②土墙、护坡、排洪截水措施是否经济、有效；③与外部道路、场地是否有着合理衔接关系；④是否能满足场地排水及防洪、防涝要求；⑤是否满足场地车行、人行及无障碍设计的技术要求；⑥场地设计高程是否满足地下管线的敷设；⑦场地高程确定是否对环境利用与营造提供了有利条件。通过上诉验证，进一步调整场地竖向控制标高，完成场地的竖向设计方案。

四方新城小区有一处坡度大于50%的陡坡地，采用人行梯道连接场地。场地进深较为局促，只可顺行等高线布置连续的台地。整体为垃圾回填、换填法，采用的经济有效的框架式结构，避免了土方的大量使用，同时解决了地基的不稳定性（图3-18~图3-20）。

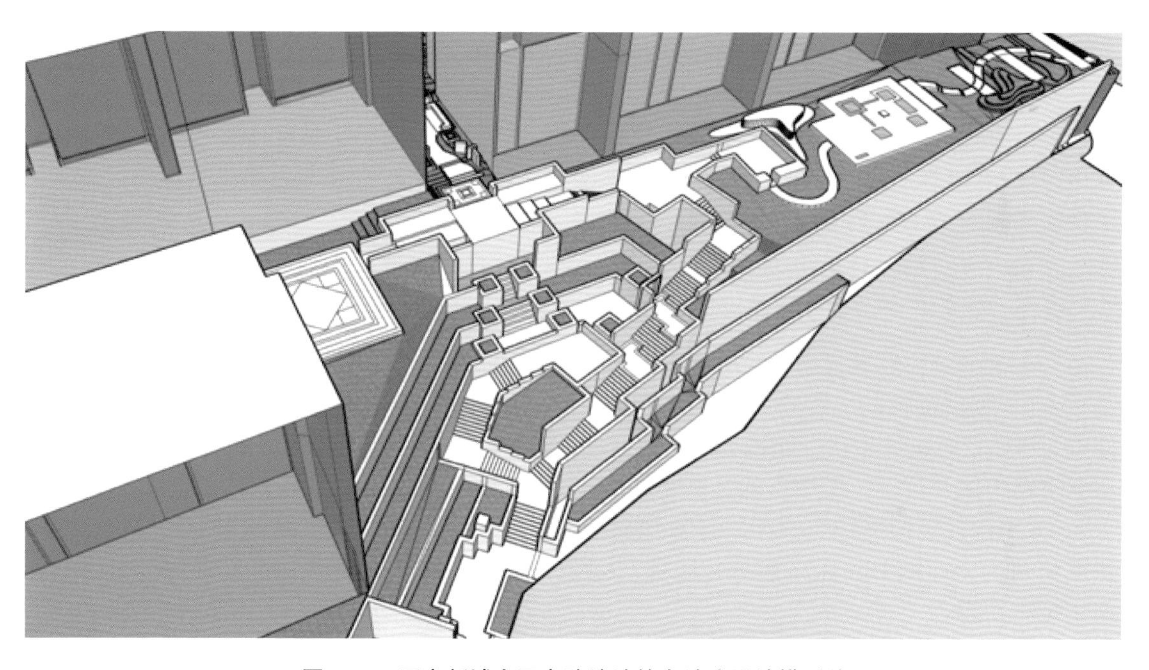

图3-18 四方新城小区内陡坡地的台地式设计模型稿

图3-19 四方新城小区内陡坡地的台地式设计实景图

图 3-20　四方新城小区内陡坡地的台地式设计中台阶细部

无论哪种坡地地貌，平整后的若干单独的台地台阶要稳定，边坡一定要做好护坡处理，坡地边缘用陡槽顺边坡排泄雨水，坡度应平缓避免陡槽的结构在暴雨时受雨水冲刷破坏。上缘台地场地应做雨水截水沟。

（四）场地竖向设计步骤

总体分为五步，推进顺序为道路至场地再至地形，再由地形至道路，经过几次反复调整，并结合土方的经济核算最后确定合理的结果。

（1）收集资料。了解周边环境竖向约束性条件。在收集图纸资料后，标识原有竖向条件点。园林景观设计先从道路做起，道路是场地设计的骨架，首先进行场地主要道路的确定，从确定路中线、折点、变坡点的标高开始。

（2）构建竖向关键点框架。计算道路的分段长度与坡度，使道路成为一个高低不同、各点相连的立体网架。标高初步分段控制间距可以依 100m、50m、25m 的顺序递减，从而细化竖向高程。

（3）道路联系场地。根据已知道路标高确定与道路连接的场地标高。

（4）建筑联系场地。根据场地标高确定场地内建筑物、构筑物的内部标高。

（5）相互校正。在场地地形处理标高过程中，可以依据地形边缘高程反过来调整道路的标高。一般来讲与道路相邻的场地标高都要高 0.2m，而且建筑物、构筑物临近场地标高会更高，内部标高最高。

（五）场地竖向设计绘制案例

场地竖向设计绘制案例如图 3-21 所示。案例原始资料：某居住区楼间绿地，已知 A、B、C、D1、D6、D7、D8 点高程为不可变条件，整体道路及园林景观场地高程及排水坡向可根据园林景观设计需要进行调整。同时满足中心绿地草坪的平整。

（1）明确条件高程，已知 A、B、C 三点高程因建筑条件为不可变条件之一，D1、D6、D7 为道路边界条件且均为 3.7m 为不可变条件之二，草坪需平坦无起伏感。三个条件得出结论此处场地高程可以按照 1 号楼入口为中轴两侧对称布置起伏关系，这样既可关系清晰，又可达到草坪的平整要求。

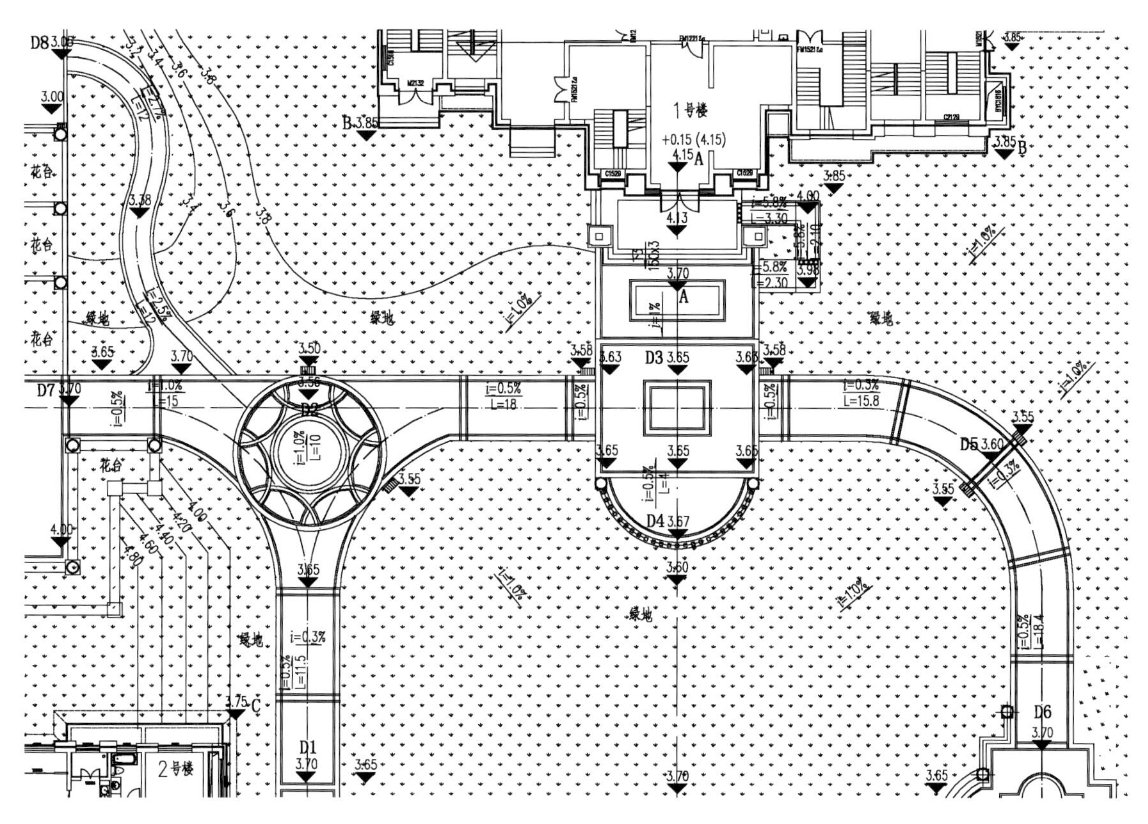

图 3-21 场地竖向设计绘制案例

（2）将道路形式确定，以 1 号楼为中心两侧道路对称式布置，中心草坪尽量保持 0.5%~1.0% 的坡度设计。

（3）将道路分为 D1~D2、D3~D2、D3~D5、D6~D5、D2~D7 五段进行坡向分析，将建筑出入口场地 D1~D3~D4 直接道路处理，场地高程需结合已知高程综合考虑道路各中线交点、坡线。

（4）场地排水。由于道路低于建筑物入口 A 点场地高程，地面的雨水将直接排向道路。A 和 D1 点场地排水均排向道路。每一块场地都要进行具体的分析，地形变化趋势决定了排水方向。

（5）道路排水。路为 4m 宽的平道牙路面，道路设为单坡坡度 0.5%~1.0%，考虑以排水口及绿地漫流式结合的方式排水。D3 临近建筑场地 A 且场地坡度满足建筑出入口场地 1% 的最小坡度，确定 D3 为 3.65m。反推 D4 为 3.67m。

（6）由于防止建筑入口积水，D3 明确之后，原定设计道路的五段坡向即可确定，以 D2 及 D5 点作为汇集点，布置雨水口。道路单坡造成建筑入口的雨水瞬间汇集较多，D3 两边的雨水口要增设两个。

（7）草坪低于路面 0.1~0.5m 推算 D1 与 D6 临近草坪标高 3.65m。为了园林景观草坪美观的需要，草坪需设计一定坡度防止雨水过大积水，但又不可有起伏感，排水分区设计为中轴对称向两侧径流，坡度选用 1%。1% 计算坡向雨水汇集方向得到草坪中雨水口 3.55m 的高程。继而设定临近路面高程 3.65m。

（8）基本确定了路中心线交点及边坡处高程，验算五段道路坡度在 0.5% 范围内，且坡长不大于 20m，符合汇水面积要求；验算草地标高与条件标高 B、C 之间坡度合理；验算曲线道路坡向在合理范围之内，顺坡绘制等高线。至此得出上述竖向设计图。

第三节　山地地形竖向设计

这里所指山地地形设计包括两层含义，其一是在山地地貌中进行园林景观设计，处理因地形多变陡峭面临的总体场地设计；其二是在相对平坦的场地就原有的地貌特征加入微地形坡地设计，以丰富园林景观地形竖向的地形竖向设计。

（一）山地地形设计基本方法

保留场地原有地貌特征山地地貌，创新与融合原有的地貌特征进行山地地形设计；或是有需求的打破原有场地的平坦进行挖湖堆山，造出地形地势的变化，营造丰富空间，组织满足功能要求的游览路线。这些都离不开以下六点山地地形设计基本法。

（1）构建总体山地风貌，确定主次配峰的相互位置。可以依据地区气候风向创造背风的小气候活动空间。主峰确定在来风向，次峰和配峰会与主峰交相呼应，从而构建全园的骨架。

（2）构建空间的均衡性，设计不对称的地形。自然的山形地貌便没有完全对称的地形，但也不乏某些特别的设计需求。山体自身的形态可以通过等高线疏密来表达，体现出山形缓急相济、前后有致的设计意图。

（3）丰富主视角的立面中主、次、配峰的设计。各山峰间的比例关系需要适当，视距与山高的比例决定了地形创作的真实感。视距为山高的 2~3 倍时，视角随之增大产生高耸感。较大空间里，视距在 4~8 倍时，山体会产生雄伟的印象。如果视距大于 10 倍就不会再有雄伟的山形感了。

视距控制是处理地形设计中高远、平远、深远效果时的关键技法之一。理论源自郭熙的《林泉高致》中的“三远”之说：“自山下而仰山巅谓之高远；自山前而窥山后谓之深远；自近山而望远山谓之平远。”自山前仰头而望，视为高远，视距小于 2 倍为宜；自山前而窥山后，视为深远，重视层次，视角既定四面环山，把幽深之溪谷层层透措，营造出较大的纵深之感；自近山而望远山为平远，视角与观山面空间同面，山随着平视距离远近而远近，不仅需要控制山之间的视距，还需巧于平面布局。运用山的层次，

图 3-22　宋 郭熙《窠石平远图》

（《窠石平远图》是郭熙描写深秋之际，山水清旷的一件佳作。）

利用小山设于大山之前，或是平面布局时山趾交错形成幽谷连连，都可以增加山的层次达到平远、深远之感。在我国古代山水画中运用较多（图 3-22~ 图 3-24）

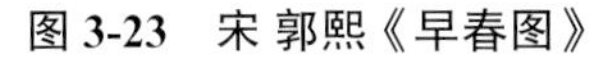

图 3-23　宋 郭熙《早春图》

图 3-24　宋 范宽《溪山行旅图》

（4）迂回婉转但要一气呵成的绵延山脊线。山地、坡地的高度组合和平面布局完成之后就是要一气呵成的山脊线了。从整体出发，全局考虑一个连贯的地形群，地形有主、次、配之分，不设特立独行的个别体，要做到既显岗又见岭。岗岭以骨贯肉，气脉相连。即便是连绵的坡地也要此起彼伏，顾盼有情；坡脊成岭犹如藕断丝连，形散神不散。

（5）山体断面特色地形地貌的设计。可以通过平面等高线的布局，通过疏密来表现山脚、山坡、山顶的地貌坡度变化节奏，丰富山脚至山顶的变化。山脚宜缓，寻求稳定自然；山坡可缓、可陡、可峻，寻求变化；山顶宜缓，寻求开朗疏阔。

（6）山体的高度设计。人造地形山体供游人登临，高度设计配合游园的路线注重游人的感受。用于小区或是市内游园用于遮挡视线、分割空间的山体属于微地形，微地形弱化地形的陡峭险峻，亲人尺度多为首选，考虑种植覆盖时，高度 1.5m 以上为宜，如宇宙思考花园中的微地形设计（图 3-25）。

图 3-25　宇宙思考花园

（二）山地地形设计工程基本知识

1. 与土壤性质紧密相关的基本知识

山地坡地设计之初需要对现场的土壤进行勘察和资料收集，对土壤的性质有所了解后才能做出正确的坡度设计。土壤大致包括干燥、潮湿、松散、紧密四种状态。常用术语“土壤自然安息角”，顾名思义，是指土壤自然堆积，经过沉降后稳定状态下的土坡表面与地面的夹角，如图 3-26 中的 α，不同土壤的自然安息角不同，见表 3-5。

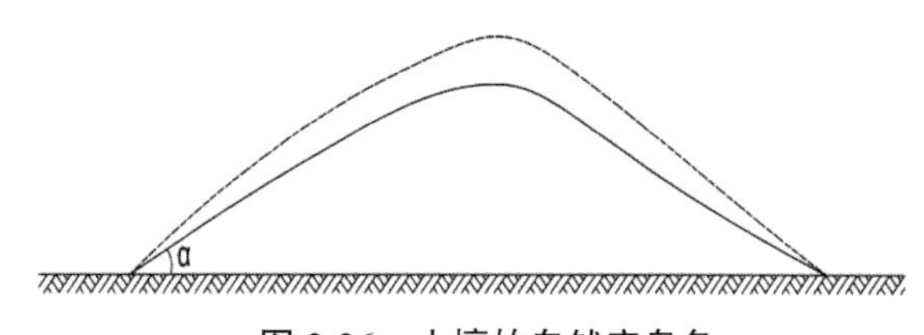

图 3-26　土壤的自然安息角

表 3-5　不同土壤的自然安息角

土壤名称	土壤的安息角 α			颗粒尺寸 / mm	图片	备注
	干	潮	湿			
砾石	40°	40°	35°	2~20		这样的砾石多用来做散置砾石路面

（续）

土壤名称	土壤的安息角 α			颗粒尺寸 / mm	图片	备注
	干	潮	湿			
卵石	35°	45°	25°	20~200		园林景观常用机制鹅卵石、河卵石、雨花石铺装镶嵌的地面，或是散置在驳岸边作为人工滩涂
粗砂	30°	32°	27°	1~2		其中粒径大于 0.5mm 的颗粒含量超过 50%
中砂	28°	35°	25°	0.5~1		其中粒径大于 0.25mm 的颗粒质量超过总质量的 50%。墙面的抹灰掺半中砂，最好是天然河沙或是水洗砂
细砂	25°	30°	20°	0.05~0.5		其中粒径大于 0.075mm 的颗粒质量超过总质量的 85%。景墙中清水墙体的勾缝用细沙，水泥比例高，流动性好
黏土	45°	35°	15°	0.001~0.005		黏土是含沙粒很少、有黏性的土壤，具有良好的保水性。保水通气，可做软池底的防水层
壤土	50°	40°	30°	—		种植植被的最佳环境，通气透水。土壤垂直分布来看位于黏土以上较利于栽植，植物所需的营养较为丰富
腐殖土	40°	35°	25°	—		腐殖土是枯枝残叶经过长时期腐烂发酵形成色黑，利水保湿保肥，用来改良土壤，与砂土掺拌可提高土壤的营养度

如此看来，无论哪种土，堆方沉降安息角最大是 50°，也就是 i=1/tan 50°=1/0.642。山地坡地陡坡常用的介质也确实是山石、土壤。另外，在设计河湖的人工驳岸时，自然驳岸形式包括叠石、卵石、砂石、草坡入水的驳岸形式。卵石驳岸 20°，$i \leqslant 1/2.747$；沙滩驳岸砂石适宜坡度 20°，$i \leqslant 1/2.747$；草坡入水的驳岸适宜 30°，$i \leqslant 1/1.732$。

2. 地形设计要注意边坡稳定性的相关基础知识

在土方工程中边坡特性有角度、等高线间距（d）、等高距（h）、坡度（i）或是坡度系数（m），后二者互为倒数（图 3-27）。后二者所对应折算的角度在安息角范围之内，即为可实施的山体竖向。土壤高度增加压力不同，按照高度不同，较高的山体塑造就需要考虑分阶段高度的坡度了。由此可见，园林景观工程设计中的等高线密度不是随性而为就可以实现的。

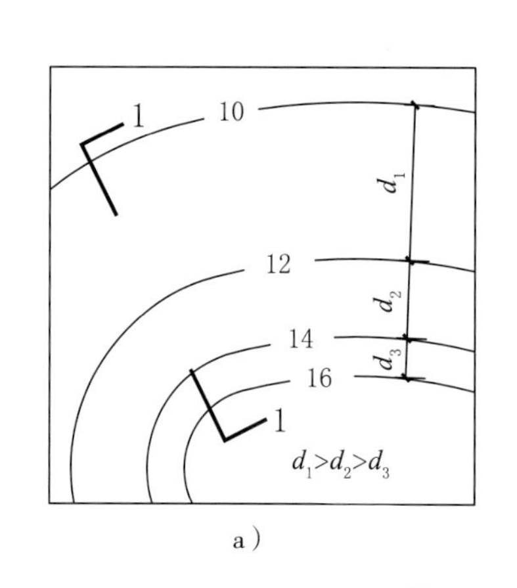

a）

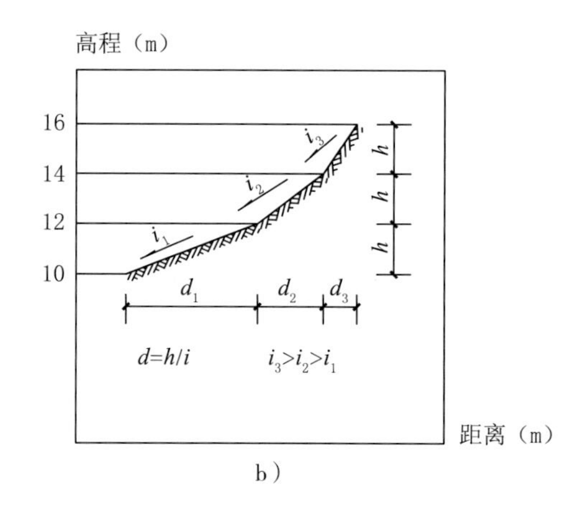

b）

图 3-27 等高线间距与等高距

a）等高线间距 b）等高距

地形塑造关系坡度和坡面长度，均衡这两个要素才能保证地形塑造的稳定性、排水的有效性，以及美观性。园林景观造地势切忌积涝，不是地势陡险才会水土流失，地形起伏过大或者坡度不大时都会造成水土流失，在一个坡度的坡面过长时，降雨或者灌溉时的地表径流都会因时间较长、流量较大而造成坡面滑坡、水土流失的严重问题，地形设计的美观就无从谈起了。因此坡度及坡长适中才可以成功塑造地形，让水流有汇有分宛若自然地势地貌。以草坡为例，常用坡度见表 3-6。

表 3-6 草坡常用坡度

序号	坡度（i）	地形应用
1	$i \leqslant 1\%$	易积水，地表不稳定
2	$1\%<i \leqslant 5\%$	排水理想，适合大多数活动内容使用，建议坡长小于 50m
3	$5\%<i \leqslant 10\%$	排水良好，具有起伏感
4	$i>10\%$	局部地形可以使用，必要时坡底设集水沟收集雨水

（三）山地地形设计步骤

1. 山地竖向设计资料的整理及利用

园林景观设计过程之中往往原有基地地形不能完全符合设计初衷的情况，但设计时应充分利用原有的地形并进行适当改造。好的竖向设计是最大限度地发挥园林景观骨架的综合功能，统筹设计中的各类建筑景观、设施和地貌之间的关系，使得山水之间、园内园外、地上与地下设施在高程上可合理实施。因此收集原始基地的相关资料就尤为重要。收集什么资料？目的何用？如何利用资料？这些问题总结见表 3-7。

表 3-7　收集资料常用表

序号	常用资料	目的	利用
1	项目的所在地区气候风向，或区域周边建筑群造成的季候风向规律。日照分析图	风向主导地形高低方位，日照分析指导场地布置	地形起伏设计的布局依据，制造合理的小气候区。远离不利主风向，结合日照适应分布位置，布局适宜人群活动，适应植物生长的地形
2	周边建筑及市政道路情况	分析周边的环境干扰状况，掌握周边的控制高程	场地边界处的竖向衔接合理可实施，原则是满足园林景观场地与市政道路的合理衔接
3	读懂地形图，寻找地块周边的视线轴线	选择园内地形主导视线的延长线	以借景手法创造园林景观的内外景观渗透效果
4	所在区域的管线情况	排查并合理预留各项管线埋深，避免园林景观的不合理	为设计挖方区域、布置水景或种植设计时的合理避让做准备

2. 明确山地、坡地设计目的

明确场地、山地、坡地设计在园林景观设计中能够达到的目的，因为土方工程不可随意为之，要考虑到其经济效益。对于地形设计的目的、手法及案例总结见表 3-8。

表 3-8　地形设计目的、手法及案例

序号	地形设计目的	地形设计手法	地形设计案例
1	利用地形障景，避免园林景观一览无余。增加层次神秘感	视距与视高的配合运用，不必是过高的地形堆山。一般 1.5m 的地形足以遮挡住视线	大尺度案例：苏格兰宇宙思考花园 小尺度案例：圣地亚哥池塘儿童公园
			苏格兰宇宙思考花园，是查尔斯·詹克斯设计建造的将自然科学和数学的灵感融合的不可思议花园之一

（续）

序号	地形设计目的	地形设计手法	地形设计案例
1			圣地亚哥池塘儿童公园
2	地形组织视线通廊，透视线形成多层次园林景观	确立视线通廊方向，平面地形起伏相互错动形成通廊。也可沿笔直的轴线两侧对称设计地形，不在于高而体现一定的体量和气势	案例：濠濮间的入园处
			濠濮间入口，利用地形错动形成夹道式的视线通廊，将濠濮间的内园景致逐步展开
3	利用地形的一定距离和一定高度隔除噪声	常常利用在绿化隔离带的设计之中，配置多层次的树木阻隔噪声	案例：坡地式绿化隔离带
			道路的中心分车带、机非隔离带以及人行道外侧的绿化带全都采用坡地设计，坡顶弧度线条明显，立体感强 在这样的道路上无论是行车或慢步，都是会享受到贴近自然的乐趣

（续）

序号	地形设计目的	地形设计手法	地形设计案例
4	利用地形组织园区的场地自然排水	最常用的地面组织排水方法之一，地面的自然排水方式使雨水回渗入草坪或流入地面收集雨水口	小尺度案例：上海漕河泾开发区公园 大尺度案例：新加坡碧山公园
			微地形解决排水问题，雨水汇入人工水景
5	利用地形创造小气候环境，提供不同的植物生长环境	适合特色植被的栽植环境，增加园林景观整体丰富感	案例：北大方正医药研究院内
			建筑转角处设置微地形绿岛，种植乔木与灌木地被，降低风速
6	地形高低起伏、曲直结合，丰富游园感受	园路的设计在等高线的垂直方向，以增加道路体验的丰富感	案例：上海漕河泾开发区公园
			公园利用挖湖堆山形成北高南低的起伏地形，创造出一条颇具起伏趣味感的游园体验路线，同时也为植物造景提供了良好的条件

第四节　竖向设计的图纸表达

无论是场地竖向设计还是山地竖向设计，再完美的设想也需要用图纸精准地表达出来才能够实现的。本节就竖向设计图纸表达进行阐述。

（一）竖向设计表达

竖向设计常用两种表达方式，等高线法以及高程坡度坡向法。

1. 等高线法

等高线法是园林景观图纸中表达竖向设计最常用的方法之一，有以下几点需要注意。

（1）在图纸中每一条等高线都是闭合的。

（2）等高线水平间距密度代表地形的陡和缓，密则陡，疏则缓。

（3）等高线不相交，只有在悬崖处的等高线表达是相交的。

（4）等高线在图纸上不能直穿或横过河谷或堤岸、道路。

（5）绘制图中的水景标注，水景池底有坡度时需要有等深线。池底为平池底时，以标高符号实心三角标识。

2. 高程坡度坡向法

高程坡度坡向法是一种简单易行的表达方法，园林景观专业中多用。图中标注点代表控制点高程、箭头代表坡向及雨水的流向，剪头上标坡度。竖向设计标注的内容包括。

（1）绘制图中的高程点包括道路、场地、用地边界与市政道路的衔接点、道路中线标注交汇点、转向点、边坡处。

（2）绿地设计中的最高与最低控制点高程。

（3）绘制图中的水景标注要求有池底、常水位高程。其余设计要素包括园林景观建筑物、构筑物、景墙、花池、山石外轮廓等高程标注。

原始地貌的竖向条件一般用实心圆点标识，表达符号要有别于本项目中的设计标高符号，本项目设计高程一般用实三角来表示。原因是在平面图中分辨出场地周边的约束条件，也是提供给施工现场校验的基准。

3. 等高线标注的相关图纸比例应用

园林景观竖向设计图纸一般应用较为广泛的是 1∶2000~1∶500 的比例。这一比例下的竖向高程总图深度图纸标注必须明确主要干道、主要场地、山峰高度，绘制高差 0.5m 的等高线。1∶500 以下的竖向图等高线等高距可为 0.3m、0.2m、0.1m。

1∶500 的竖向总平面图绘制是等高线法及高程坡度法的综合使用。如图 3-28 的案例所示，在等高距为 0.5m 的尺度下进行了绿地标注及部分路面标注；在建筑出入口及与道路各关键衔接点应用实心三角高程标注；周边市政规划道路作为已知条件区分设计标高，运用圆点标注高程。

施工图的细部场坪竖向图需要在 1:200 比例下呈现，等高差为 0.2~0.3m 为宜，同时标出坡向及排水坡度，以及定点竖向定位。图中配以 5m 为单元的网格线定位的施工图可较为精准地进行地形塑造。

如图 3-29 所示，1∶200 的竖向分区平面图绘制也是对等高线法及高程坡度法的综合使用。但 0.2m 的等高距细化了绿地高程及路面高程标注，较之 1∶500 的施工图纸增加了坡度及坡向的细节表达。

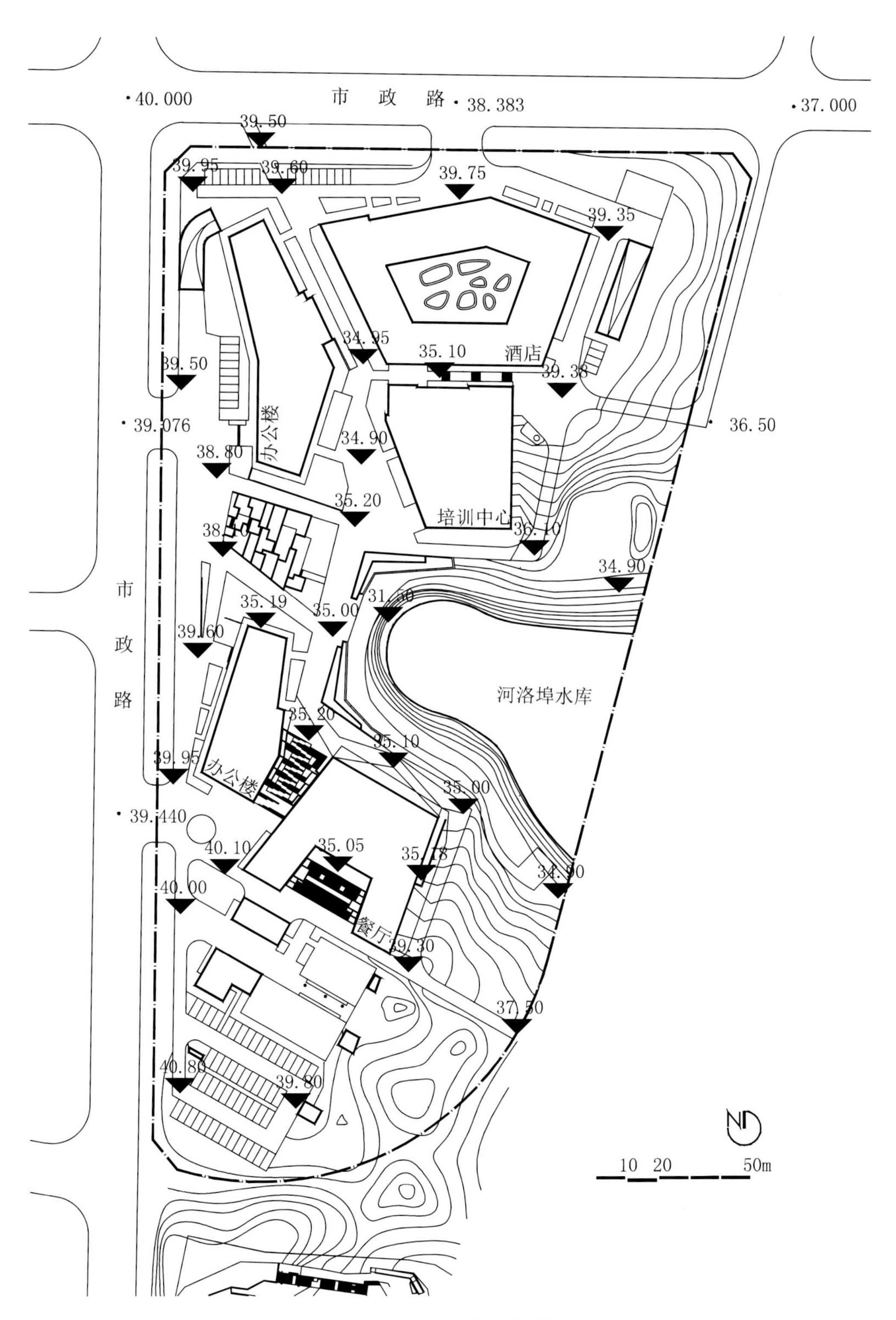

图 3-28 竖向总平面图绘制

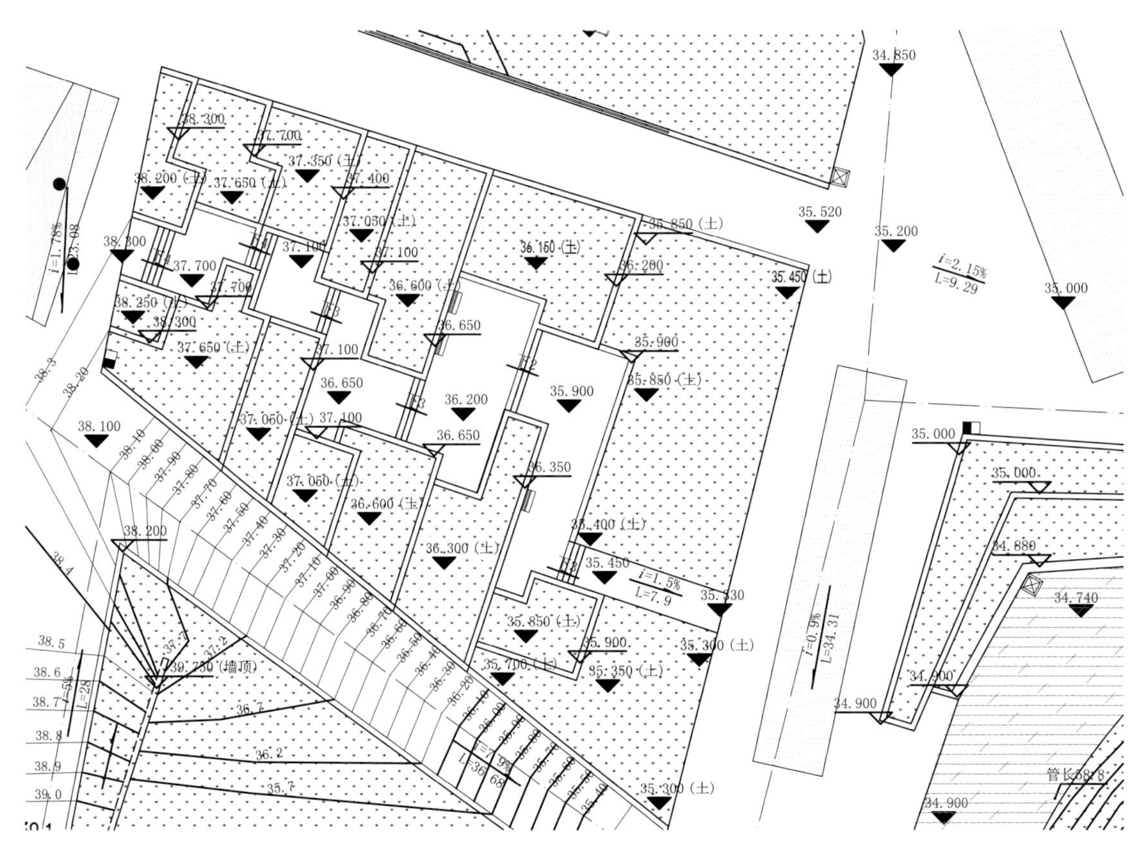

图 3-29　1∶200 的竖向分区平面图绘制

（二）场地坡地设计绘制形式

场地坡地绘制形式用等高线表达时，最小等高差可为 0.1m；用坡度坡向表达时，需要标出坡向起始点高程，分水线或汇水线，此种方法多用于屋顶平面排水分区中，或地库出入口的竖向表达（图 3-30）。

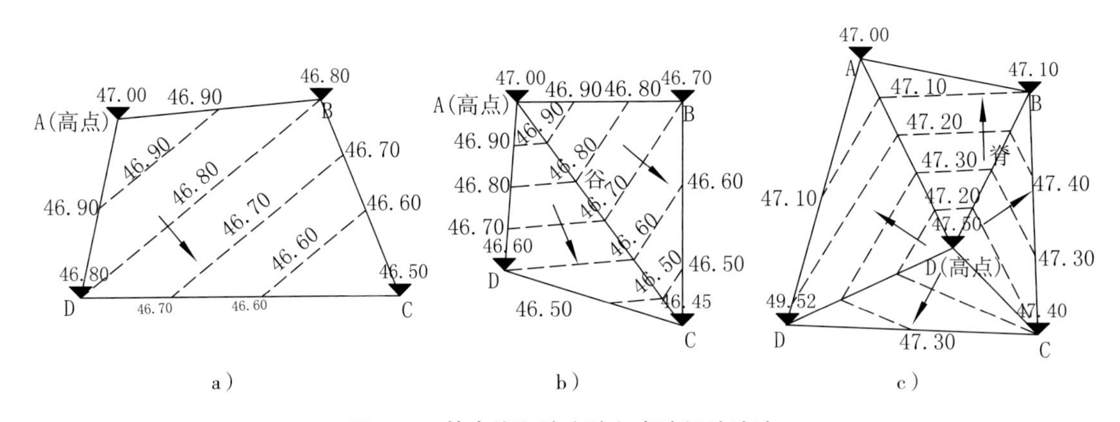

图 3-30　等高线和坡度坡向表达场地坡地

a）等高线表达场地排水单坡平面图　b）等高线表达谷地汇水平面图　c）等高线表达山脊排水平面图

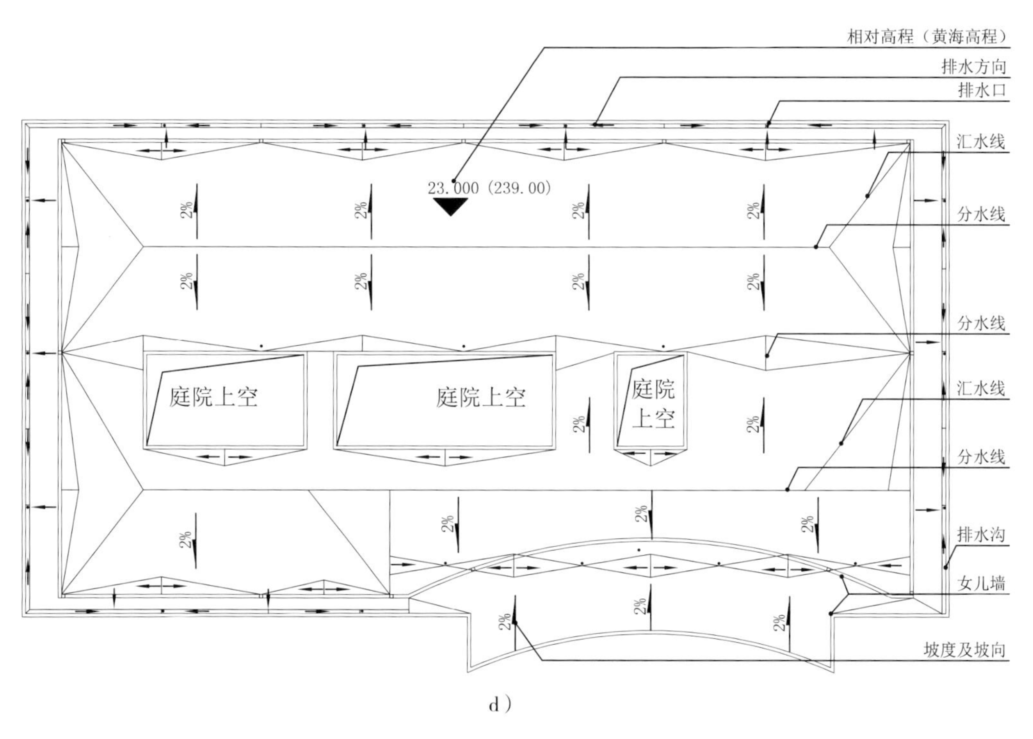

d）

图 3-30　等高线和坡度坡向表达场地坡地（续）

d）坡度坡向表达屋面排水平面图

（三）山地地形设计绘制形式

用等高线创造地貌必须熟悉基本地貌形式，相反也要会运用等高线识别地貌特征。基本的地貌特征用等高线准确表达有如下几种：山顶、凹地、山脊、山谷、山鞍部、山岭，地形与等高线的对应关系见表 3-9。

表 3-9　地形与等高线的对应关系

序号	地貌特征		等高线表达	山体实例
1	山顶	尖山顶	60 50 40 30 20 10 山体的最高部分呈现尖状	微地形应用实例：宇宙沉思花园的几何造型人造山地地形

（续）

序号	地貌特征		等高线表达	山体实例
1	山顶	圆山顶	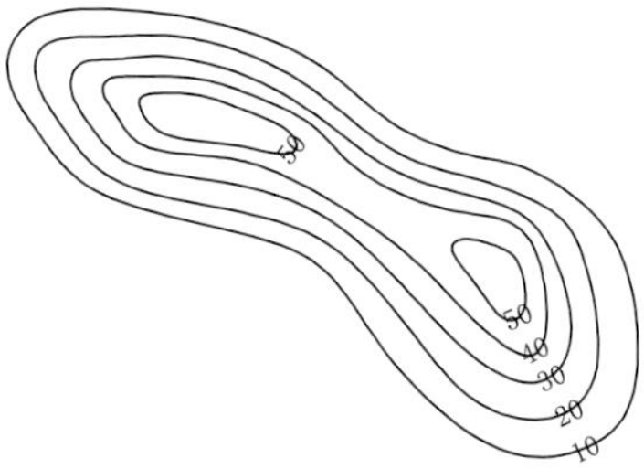	 顶部圆平的山又叫作岭，山顶宽大，如大海陀的山顶即是圆山顶
		平山顶	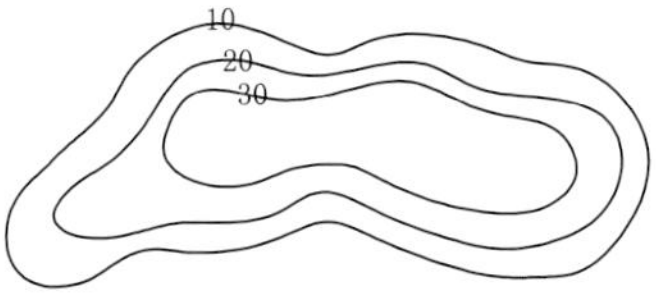	 微地形应用实例：紫竹院公园的河道两侧驳岸以上的一片开阔绿地，形成了平山顶的地形
2	凹地		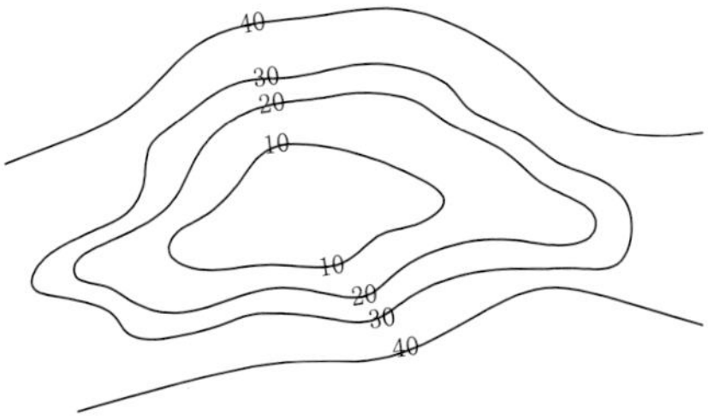 图纸表达特点：内部为闭合等高线，高程向内减小	（1）低于周边地面的洼地，尺度较小的、常年无水的低洼地称作凹地  微地形应用实例：高尔夫球场的沙坑，人造凹地 （2）大尺度的面积较大的凹地地域称作盆地  这是喀斯特凹地的初始面貌，自然形成的凹地

（续）

序号	地貌特征		等高线表达	山体实例
3	山脊	尖山脊	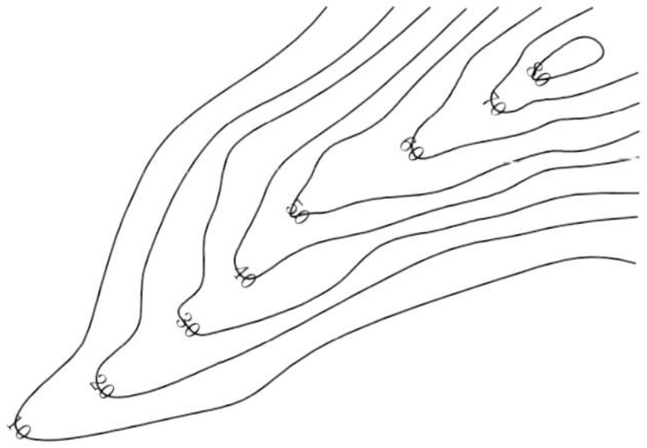 山脊到山麓的凸起部分，等高线向山麓凸出，两侧较为对称	 大自然的创造，在山脊的一侧阳光留下深刻印记
		圆山脊	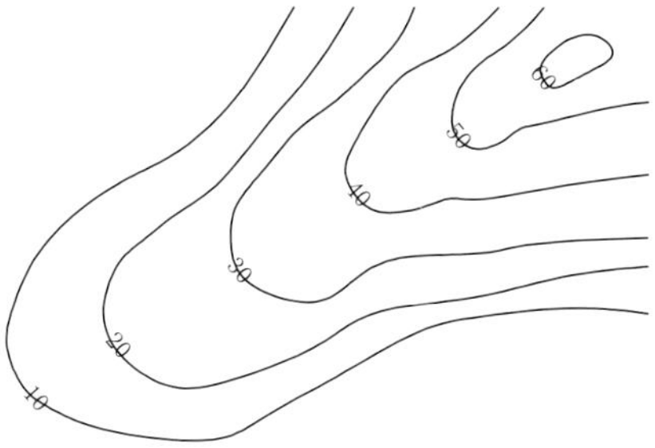 等高线圆弧状，自高的高程向底的高程突出	 山脊圆润开阔，亦是山体的分水岭，沿等高线方向山地较为平滑
		平山脊	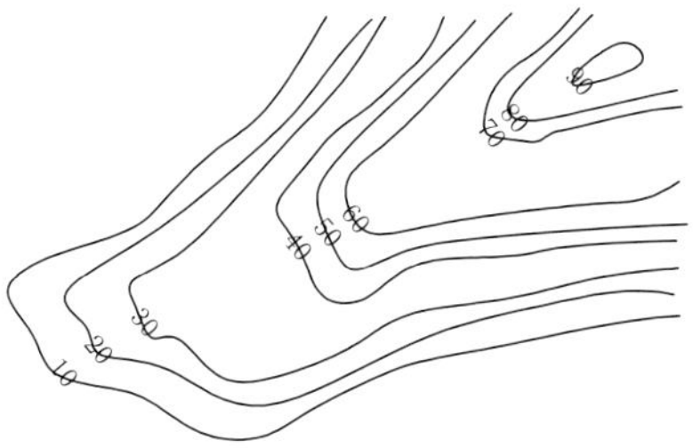 等高线疏密分布明显，且轮廓是长方形	 我们常说的山冈就是较为低矮的平山脊，比起圆山脊更为开阔

（续）

序号	地貌特征		等高线表达	山体实例
3	山脊	平山脊	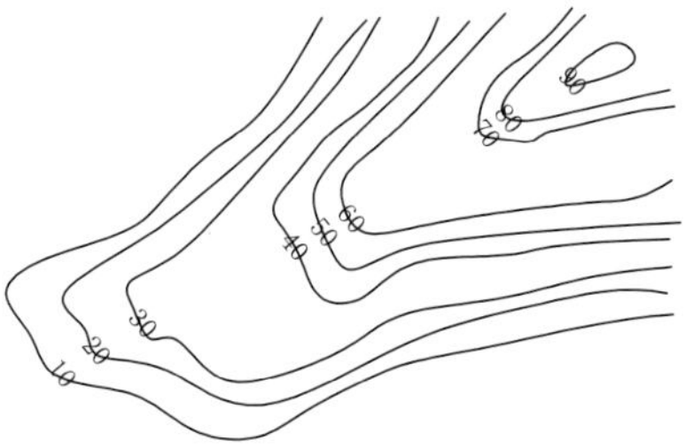 等高线疏密分布明显，且轮廓是长方形	 在去香格里拉的路上，从高处向下看，有层层的台地感，尺度自然是很大的，牧民们在山冈下的盆地中建屋。山地整体走势呈平山脊  这是平山脊的一部分，开阔的山冈上开满野花。在这样的山冈上策马扬鞭定是件很美妙的事情
4	山谷	V型山谷	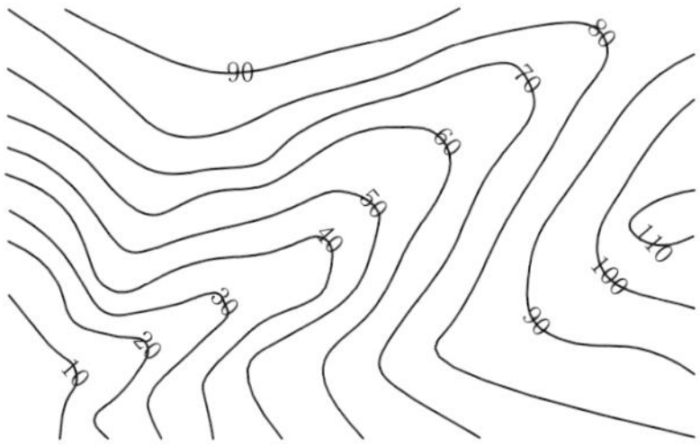	山脊之间的低凹区域，等高线高程与山脊相反，等高线凸向高处，且两侧对称 提到山谷就不得不提及谷地的其他两种地貌。其他两种地貌形成的助推力是水，有了水的园林景观就不一样了。水流冲蚀作用下的河谷、地质运动强烈以及河流下切形成的峡谷，这些都是我们能常见到的V型山谷
		山体实例		山谷指两山间低凹而狭窄处，其间多有溪涧流过

（续）

序号	地貌特征		等高线表达	山体实例
4	山谷	山体实例		2005版人民币上的长江三峡胜景，就是典型的峡谷。往往水流的两侧带有高耸的岩石断层，就是地质运动的痕迹
				河谷流经的区域是山丘之间的倾斜凹地。河谷的宽窄多变，河谷的地貌也随之丰富起来，在这样的谷地发展的农业就是现在的河谷农业经济
		U型山谷	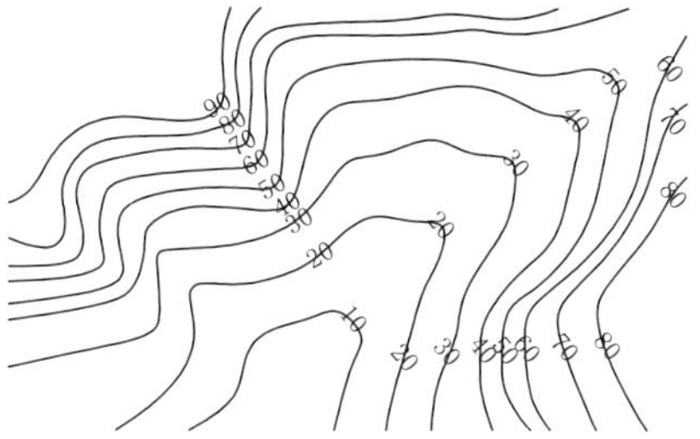	U型山谷多是冰川侵蚀作用形成的谷地，对于我们的园林景观范畴较为少的遇到
5	鞍部	窄短鞍部	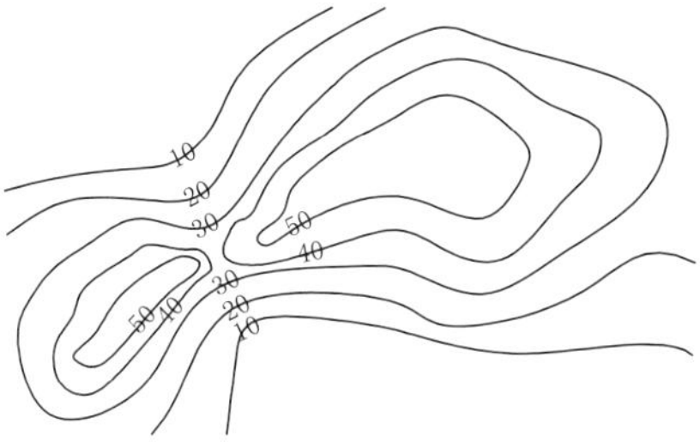	 两山顶之间的低凹区域，形似马鞍，凹地与凸地高差较小
		窄长鞍部	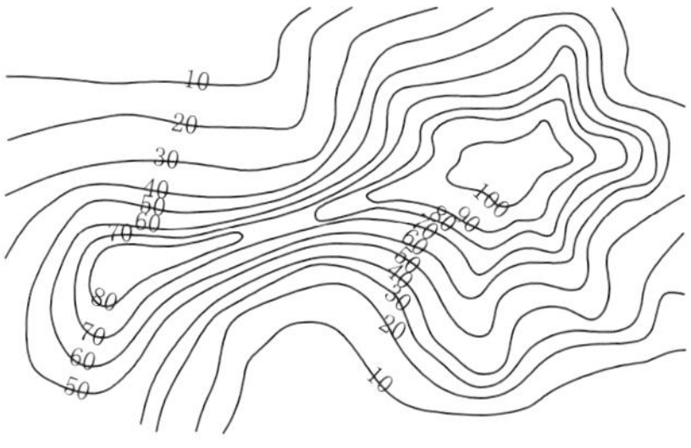	 两个山顶间的下凹部分，高度高于山坳，凹凸的山脊高差较大，但等高线的特点是一定不会重叠，否则就会出现悬崖了

（续）

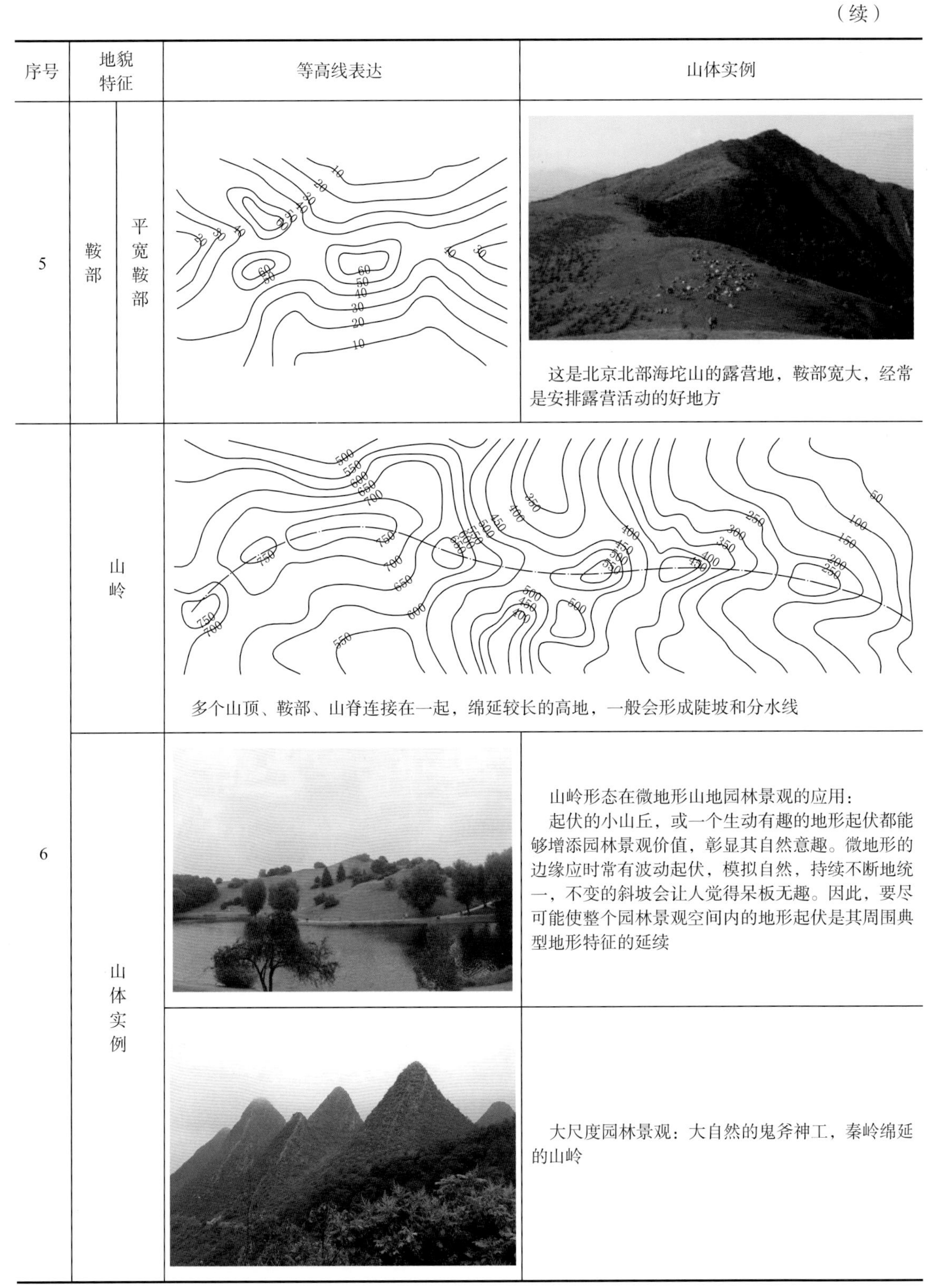

序号	地貌特征		等高线表达	山体实例
5	鞍部	平宽鞍部		这是北京北部海坨山的露营地，鞍部宽大，经常是安排露营活动的好地方
6	山岭		多个山顶、鞍部、山脊连接在一起，绵延较长的高地，一般会形成陡坡和分水线	
	山体实例			山岭形态在微地形山地园林景观的应用： 起伏的小山丘，或一个生动有趣的地形起伏都能够增添园林景观价值，彰显其自然意趣。微地形的边缘应时常有波动起伏，模拟自然，持续不断地统一，不变的斜坡会让人觉得呆板无趣。因此，要尽可能使整个园林景观空间内的地形起伏是其周围典型地形特征的延续
				大尺度园林景观：大自然的鬼斧神工，秦岭绵延的山岭

掌握以上地形等高线的表达，有助于全面读识理解园林景观地形条件，同时经过综合运用才可以精准地绘制出综合而复杂的山地地形设计。

第五节 竖向设计其他相关工程

园林景观竖向设计还会涉及包括排水构、排洪沟、截洪沟等其他排水设施工程。面对地形复杂或场地坡度大于 10% 时，分台设计的园林景观场地还会设置有挡土墙、护坡。

（一）竖向排水方案的基本技巧

1. 雨水口的布置

在竖向设计中排水方案设计包括雨水口的布置。需要对排水口的布置方式和间距有一定的基础常识（图 3-31）。

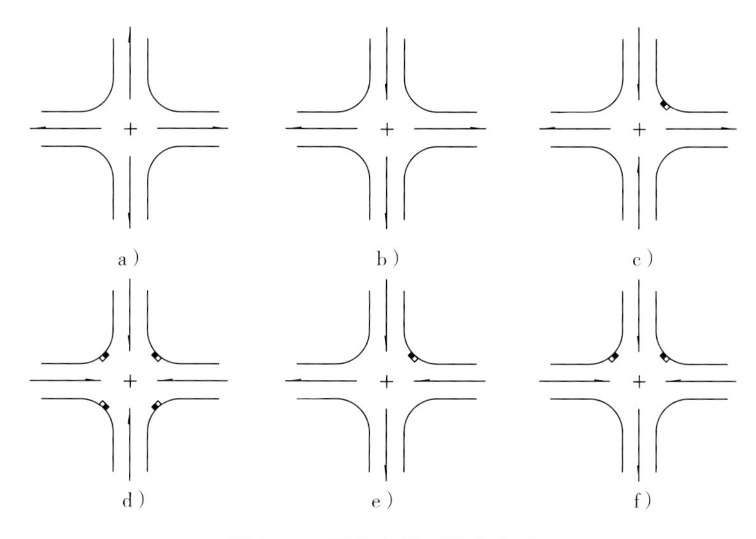

图 3-31 道路交叉口排水方式

a、b、c 为排水良好的路口，道路中线交点高程高于四周，且道路起伏平缓。自然散排可不设置雨水口。

d 为集中排水的路口，四方向需设雨水口或雨水井，道路中线交点高程低于四周。

e、f 路口解决部分排水，双向汇水的交界点需设排水口或排水井。

在园林景观设计中，以上十字路口道路竖向为常见方式，可根据情况需求设置雨水口或雨水井。灵活掌握汇水方向确定雨水口的布置。

2. 雨水口布置间距

在道路分段排水分区之后利用高程确定道路的坡向及坡度，可根据以下纵坡对应雨水口间距设计在路段上的雨水口布置位置。雨水口布置间距见表 3-10。

表 3-10 雨水口布置间距

道路纵坡 i（%）	≤ 0.3	0.3~0.4	0.4~0.5	0.5~0.6	0.6~2.0
雨水口间距 /m	20~30	30~40	40~50	50~60	60~70

（二）排水系统的基本功能

排水系统能防止积水对地面铺装、建筑物、构筑物、绿地植被的侵害。无论是应对正常的地面排水还是多年不遇的暴雨，设计一套有效的地面排水系统是非常必要的，一套畅通无阻的排水系统的衡量标准如下：

（1）面对各种雨雪天气从容应对。

（2）迅速减少地面积水，迅速排出。

（3）减少地面湿滑而引起的摔跤、轮胎打滑。

（4）有效地保护地面铺装及建筑物不被雨水浸泡。

（5）能有效防止植被不被水淹，适当结合绿地排水减缓暴雨峰值的压力。

（三）排水设施类型

园林景观多是设计排水沟的明（暗）沟盖板的样式及材质，但无论外观怎样设计都要遵从排水沟流量及过水率的要求。只注重功能化的排水设计可能会成为园林景观设计中的败笔，兼顾功能与形式的精细化设计会为园林景观增加亮点。排水沟在硬化铺装中的作用不可小觑，灵活的点式排水和隐蔽性的线性排水沟与铺装巧妙地组合，强化装饰铺装，在场地的边缘，在与建筑物的交界面上，发挥着隐蔽性的优势。在硬化地面较大的场地，线性铺装可以作为铺装的变化边界，同时还起到了区分空间的标识作用。利用道路、铺装、山体与其位置的巧妙设计可以将排水设施变为园林景观之一。

1. 排水设施作为场地的边界处理，一般设置于场地排水的截水区

这类排水设施一种是色彩突出于其他铺装，样式美观，比如工业产品感强的不锈钢线性排水沟或是纹样镂空雨水篦子，金属色凸显于匀质的地面之上以划分场地的边界（图3-32）。

图 3-32　色彩突出于其他铺装的排水沟，作为场地的边界处理

另一种是与周边铺装整体颜色协调一致，隐蔽式处理，样式简练的线性排水设施。它融于铺装的本色，再设置必要的孔隙，提示场地功能的不同（图 3-33）。比如奥运公园中轴步行大道边缘设置了缝隙式排水沟；比如银河 SOHO 的排水沟作为了场地边界的提示符号；比如小料石路边缘的顺水沟。

图 3-33　缝隙式排水沟（一）

有些排水沟隐藏得甚是巧妙，天衣无缝地随着铺装的变化，甚至是在匀质的铺装中都能隐藏得很好，这样的排水沟多数是缝隙式排水沟（图 3-34）。

图 3-34　缝隙式排水沟（二）

2. 与建筑物、构筑物的呼应

这类排水设施主要收集建筑落水以及泛水，保证室外场地的雨水在入口处不倒灌。雨水沟一般会突出其存在感，代替铺装的波打线在建筑檐口的投影线上或是在建筑的底脚收边处（图 3-35）。

图 3-35　建筑物边的排水沟

3. 亮彩的铺装，成为不可或缺的景观元素

这类排水沟不仅美观，同时兼顾了一些展示功能，在地面上的体量使得它成为园林景观的视觉焦点，强调空间走向和势态，起到引领视线的作用。比如澳大利亚悉尼皮特街购物中心地面，随着行人的运动，排水沟被合理地安置在场地之中。艺术设计已经胜过了本身的功能价值，这是园林景观艺术化的较高境界了（图 3-36~ 图 3-38）。

图 3-36　具有艺术感的排水沟成为园林景观的视觉焦点

图 3-37 不乏装饰感的排水沟在雨水生态技术利用时的巧妙应用

图 3-38 材质的特殊处理体现别样的艺术效果

点状排水口，在水景排水口中多有应用。西班牙街头艺术家佩扎克的画作在莫斯科、巴黎、伊斯坦布尔、伦敦和米兰的大街小巷中均可见到，与排水沟的结合依然会感到画作的清新明丽（图 3-39）。

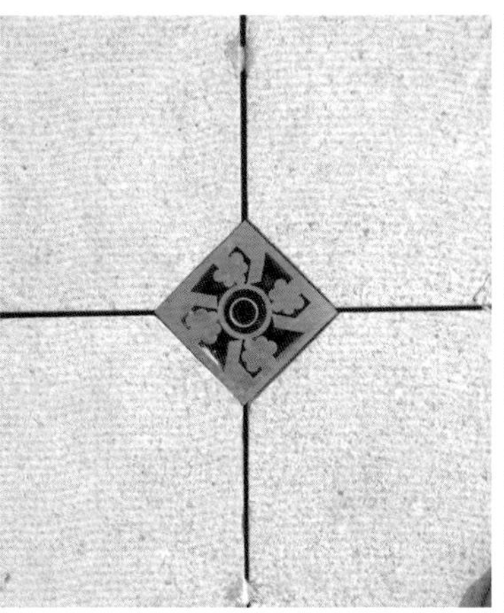

图 3-39 点状排水口

在山体地形设计中涉及排水沟的多为地势较低处、挡土墙墙脚、边坡坡底、下沉地形的边缘，与其他专业配合中会涉及的位置有公路两侧、道路朝向建筑入口且为下坡路的坡底（图3-40、图3-41）。关于沟体，明沟起点的深度，不宜小于0.2m。矩形明沟的沟底宽度，不应小于0.4m；梯形明沟的沟底宽度，不应小于0.3m。明沟的纵坡，不应小于0.3%；在地形平坦的困难地段，纵坡不应小于0.2%。按流量计算的明沟，沟顶应高于计算水位0.2m以上。

图 3-40　随山就势的明沟

图 3-41　集水口防止卵石乱丢的问题，可以用渔网包裹起来，简单、经济、可行性强

（四）排水设施细部构造图解

1. 沟盖板式排水沟

一般沟盖板式排水沟，地下部分为砌筑式的沟体。根据汇水排水量的计算确定沟体的宽窄深浅。以上的排水沟艺术化表现中已经有了很多案例，下面展示一下沟盖板以下的构造。由于沟体为砌筑式的沟体表面粗糙，雨水径流受到一定的阻碍，沟体深度要求一般不小于200mm 宽，300mm 深（图 3-42）。

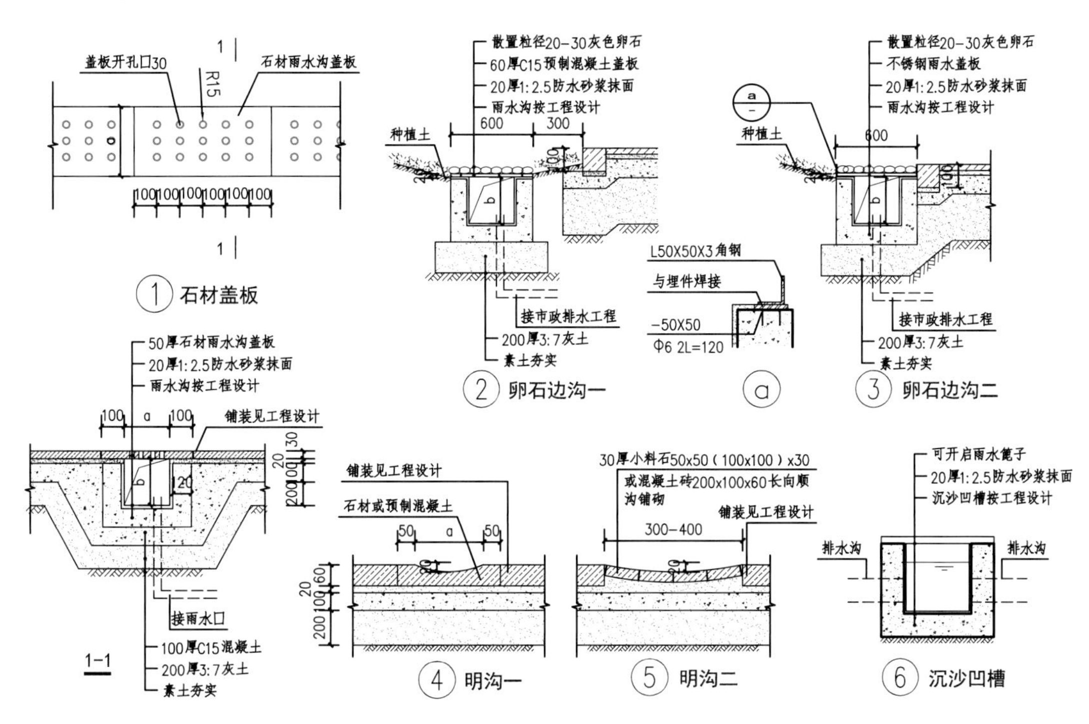

图 3-42 排水边沟及盖板［引自《环境园林景观——室外工程细部构造》（15J012-1）］

2. 缝隙式线性排水沟

缝隙式排水沟就是排水缝连在一起形成一条线，做线性组织收水，表面看就是15~20mm 的缝隙，可以根据排水量的需求增加缝隙的数量，隐蔽性强且时尚美观，多用于与石材铺装的组合（图 3-43）。

图 3-43 缝隙式线性排水沟

图 3-43　缝隙式线性排水沟（续）

缝隙式成品排水沟主要由缝隙式沟盖板和树脂混凝土沟体组成，连同成品跌水井和端部挡水板等附件组成一个完整的缝隙式线性树脂混凝土成品排水系统。在制作工艺上顶部缝隙式盖板可以是镀锌板或不锈钢板，镀锌板相对不锈钢板价格优惠一些可根据工程项目投资来相应选择。

由于是模块化的产品，组装、安装、施工检修均较为方便，比起点式的排水篦子，线性排水沟效率更高。在施工时挖沟深度较浅，找坡简单，可以随地面坡度随坡就势。模块化一体式的成品排水沟承载性强，抗弯抗压强度大，适合公路、机场、车站等大型场所使用。模块化组件的施工后期的维护工程也极为便利（图 3-44、图 3-45）。

图 3-44　单缝式、双缝式、多缝式、侧缝式排水沟体

图 3-45　承载性较好的线性排水成品沟

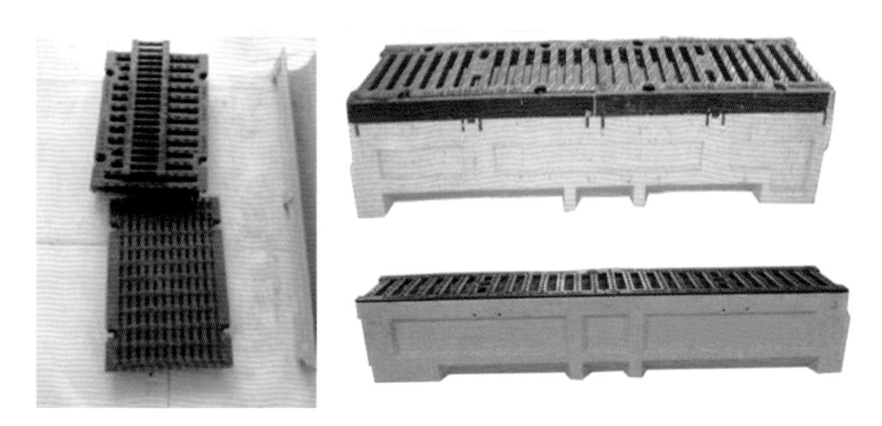

图 3-45　承载性较好的线性排水成品沟（续）

缝隙式排水的检修口样式，包括中缝检修口以及侧缝检修口，根据工程设计来选择相应的检修口（图 3-46）。缝隙沟盖板、沟体检修口根据设计需求不同可选择组合产品（图 3-47）。

图 3-46　石材铺装中缝隙式排水的检修口

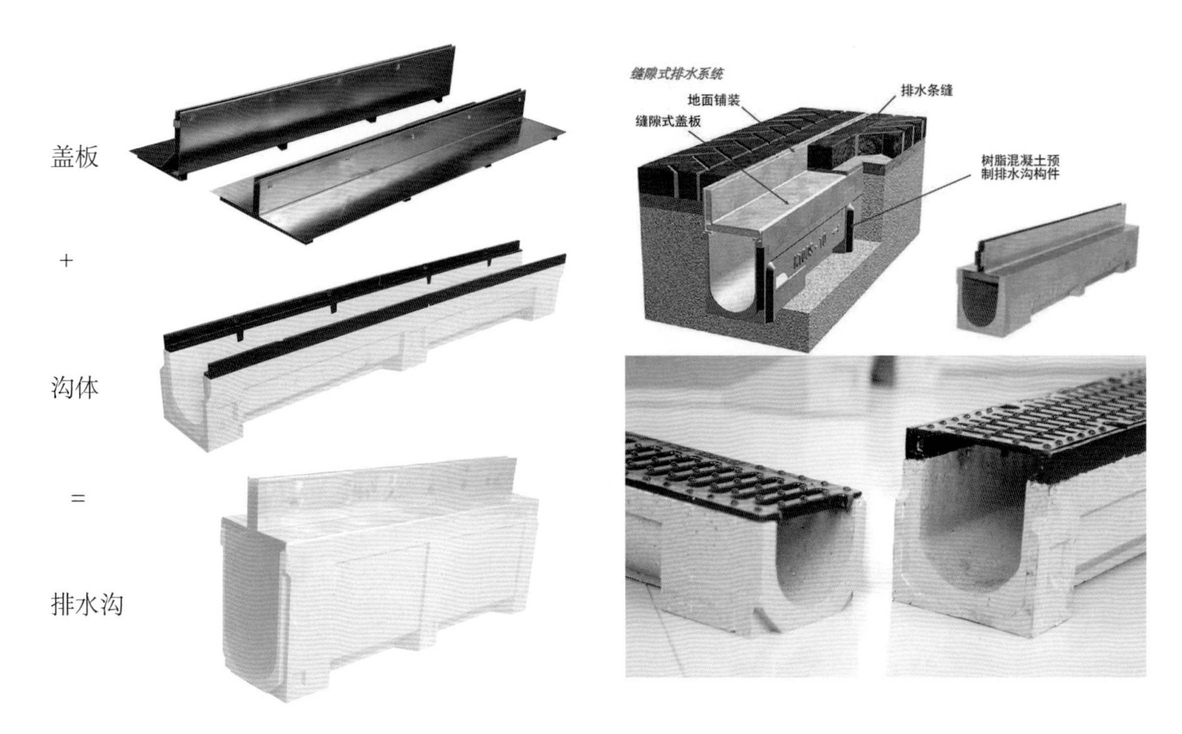

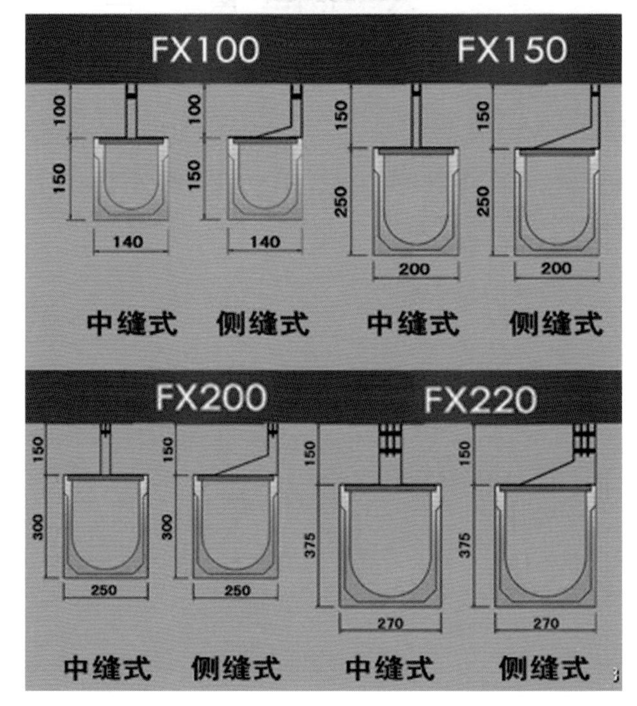

图 3-47　某产品说明目录提供的产品样图

园林景观工程设计中图纸表达缝隙式排水沟时，无外乎会遇到以下几种情况，施工图图纸如图 3-48 所示。

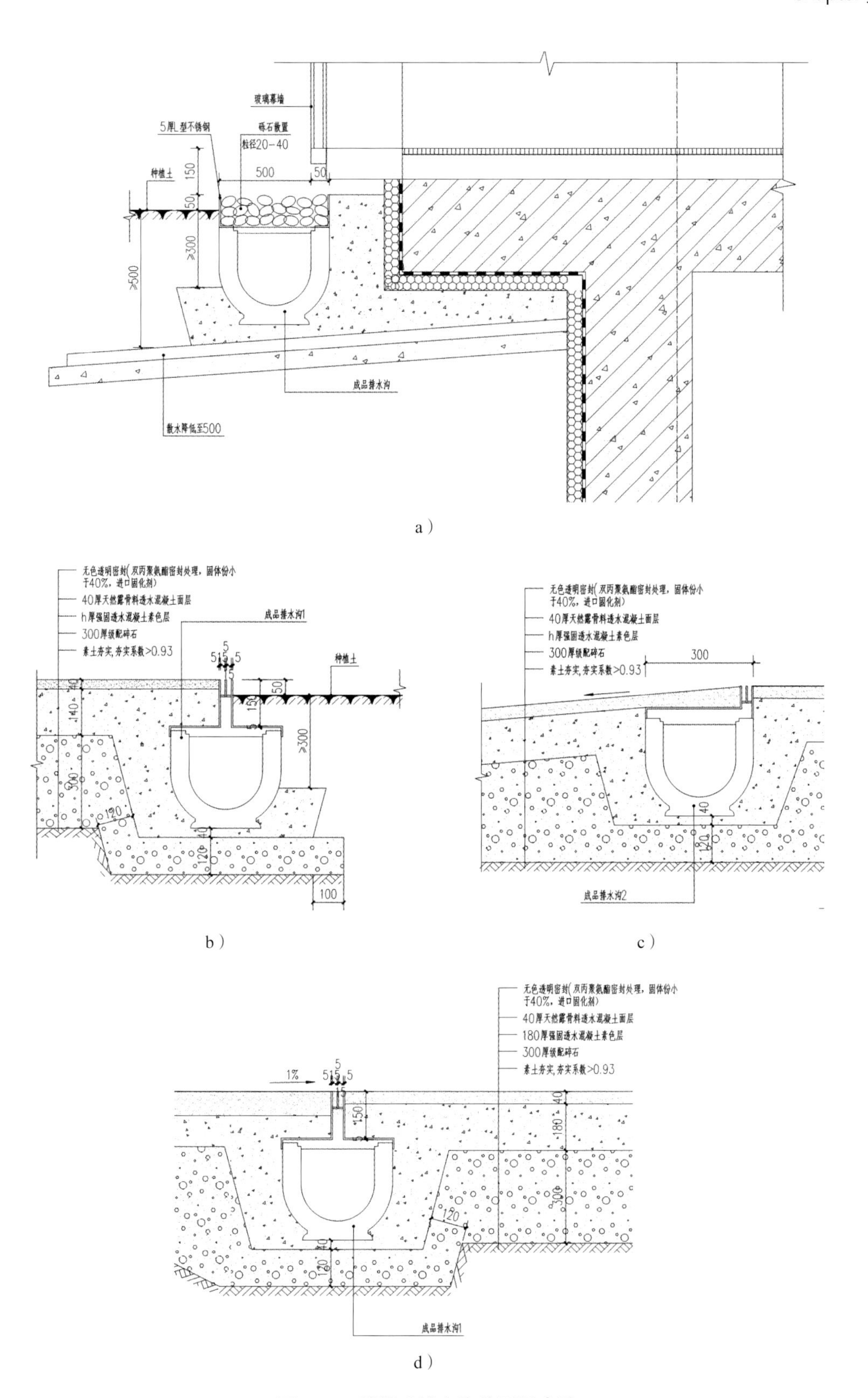

图 3-48　缝隙式排水沟的图纸表达

缝隙式排水沟在幕墙边一般遇到的交接情况如图 3-48a 所示，视地下勒脚情况以及基础的可埋深情况略做调整。如图 3-48b 所示，排水沟设置在道牙处以代替道牙。如图 3-48c 所示，当排水沟上设置的铺装需要垫层粘结层时，可将排水沟整体埋入铺装面层以下。如图 3 -48d 所示，在排水沟的外侧为不同的流体填充材料整体铺置时，也可以将排水沟的垫层混凝土作为独立区，设置混凝土扩展槽。在后面的案例中对缝隙式排水沟有全面的应用。

（五）案例及施工图解

图 3-49 是线性树脂混凝土排水沟施工流程的案例回顾。在道路修缮施工中，施工简便，开槽范围小，减小了对周边的破坏性影响。

（1）起砖，挖开基础至地面以下一定深度，深度控制在选用的成品沟底以下 150mm 处，开挖宽度比沟体宽度两侧各宽 120mm 作为混凝土扩展槽，地基夯实。同周边铺装。

（2）两侧修葺木板模板，灌浆基础垫层 100mm。

（3）放入成品沟体，调整水平坡度，侧壁灌浆。

（4）铺设铺装粘结层及面层。

图 3-49　线性树脂混凝土排水沟施工流程

在建筑幕墙边缘或是贴近道牙一侧时需要安装侧缝式排水沟，面层铺装需较厚的混凝土黏结层以便压实排水沟体一侧（图 3-50）。

图 3-50　侧缝式排水沟安装施工细节

第六节　竖向设计案例分析及施工图解

案例一：青岛德国企业中心

（一）案例简介及设计构思

本案例紧邻水库生态区域，面向东部原水库生态保护区。水库景观具有相对独特性和稀缺性，可识别性高，水舌头是该水库的重要的入水口之一，该处湿地景观良好。竖向设计以对原有地貌扰动最小为设计原则，最大限度地保护地块的原有生态景观多样性（图3-51）。

（二）设计难点

竖向设计的高程限制条件多，需要满足水库驳岸高程、洪水水位高程、既定的市政道路高程、建筑室内高程等高程控制条件。地块地势整体东南高西北低，高差达到12m。水库驳岸与地块南北边线的高差最大达到10m。西侧市政道路与水库常水位标高差达到8m。由于这种高低起伏的地形条件，园林景观设计需要通过设计大量的台地、挡墙、坡道、台阶来消化场地高差，完成市政道路与园区道路的衔接以及园区道路与建筑出入口的衔接。建筑围合的内向空间坡度大于11%，建筑场地局部坡降迅速，一层至二层的地下车库顶板裸露成为室外地坪，竖向覆土设计空间局促，坡道和台阶以及种植受到地下室顶板覆土浅的限制。以上所有这些限制条件，成为我们做竖向设计的问题难点（图3-52）。

（三）图解设计流程及经验分享

竖向设计总平面图如图3-53所示。图中标注了园区周边标高（以显示周边的环境情况）、道路交点标高、广场标高、园区出入口标高、坡顶标高、坡底标高。

1. 台阶、坡道、平台的多种组合方式解决竖向高差

（1）变坡坡道设计（图3-54、图3-55）。此处的坡道（图3-53①）为消防通道，坡顶高程39.70m，坡底高程34.95m，坡长46.50m，解决4.75m的高差。所在区域地下顶板区高低错落，坡底由于建筑出入口的高程是不能变的34.95m，使得园林景观竖向设计是在已有条件基础上能做出的唯一答案。极致利用地下室顶板的高程变化点，利用两段式连续变坡缩短坡长同时保证坡比，达到最薄处覆土200mm的坡道设计剖面，完成6.4%和11%的两段坡。由建筑剖面竖向关系反推平面布局，从平面布局关联出入口关系，剖面与平面相互求证。

在完成的最大11%的坡度上应用了小料石铺装，不仅起到了防滑的作用，同时也满足消防车对铺装面积的需求。

（2）平台与台阶组合设计（图3-56~图3-58）。此处（图3-53②）是比前一处更棘手的狭窄空间，同样由于地下室顶板的限制，我们在保证台阶两端标高要求的同时，还需兼顾各地下室顶板的高程关系，力求用休息平台和台阶解决问题。方法也是由剖面竖向关系反推平面布局，但剖立面顾忌的条件就更多，还包括避让开窗的位置、种植区域在排水方面的处理等。由于地下室未能留出排水落水口，建筑立面雨水的排放也需要园林景观来一并考虑。平面组织排水形式的斟酌是通过水量计算才能确定排水需求及方式的。此处最终选定了明沟和暗沟相结合的形式，以导流方式解决排水问题。

图 3-51 园林景观设计彩色平面图

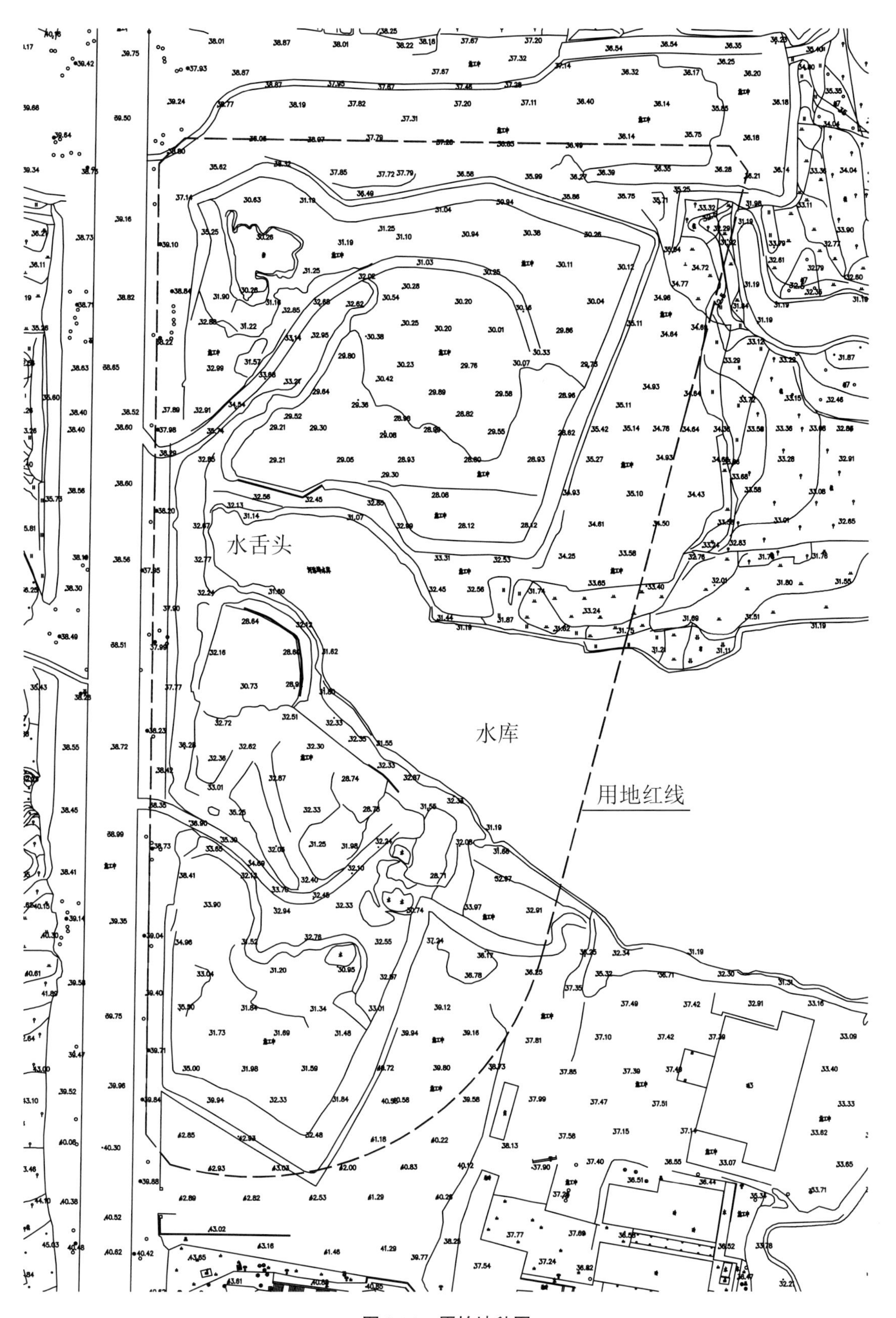

图 3-52　原始地貌图

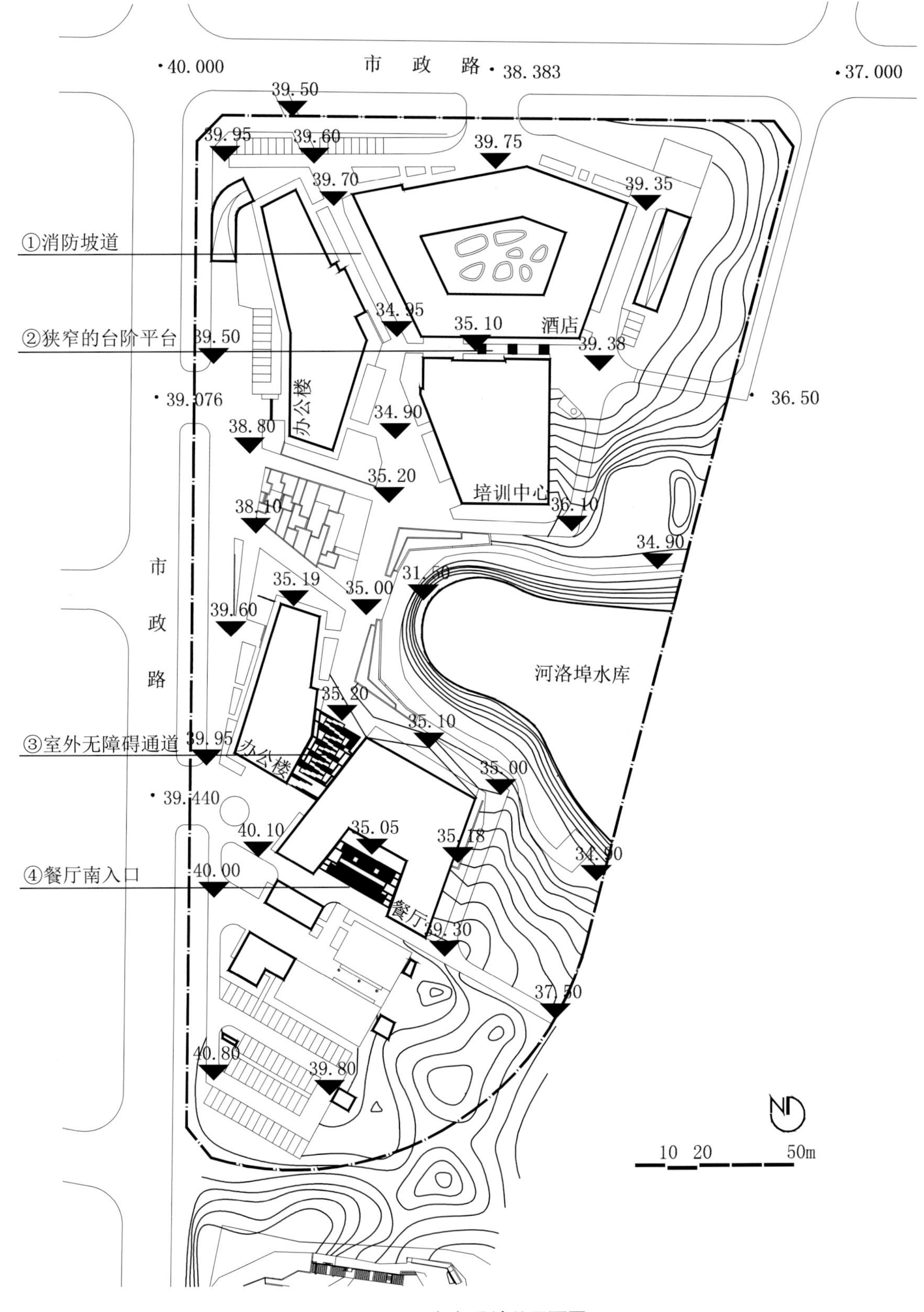

图 3-53　竖向设计总平面图

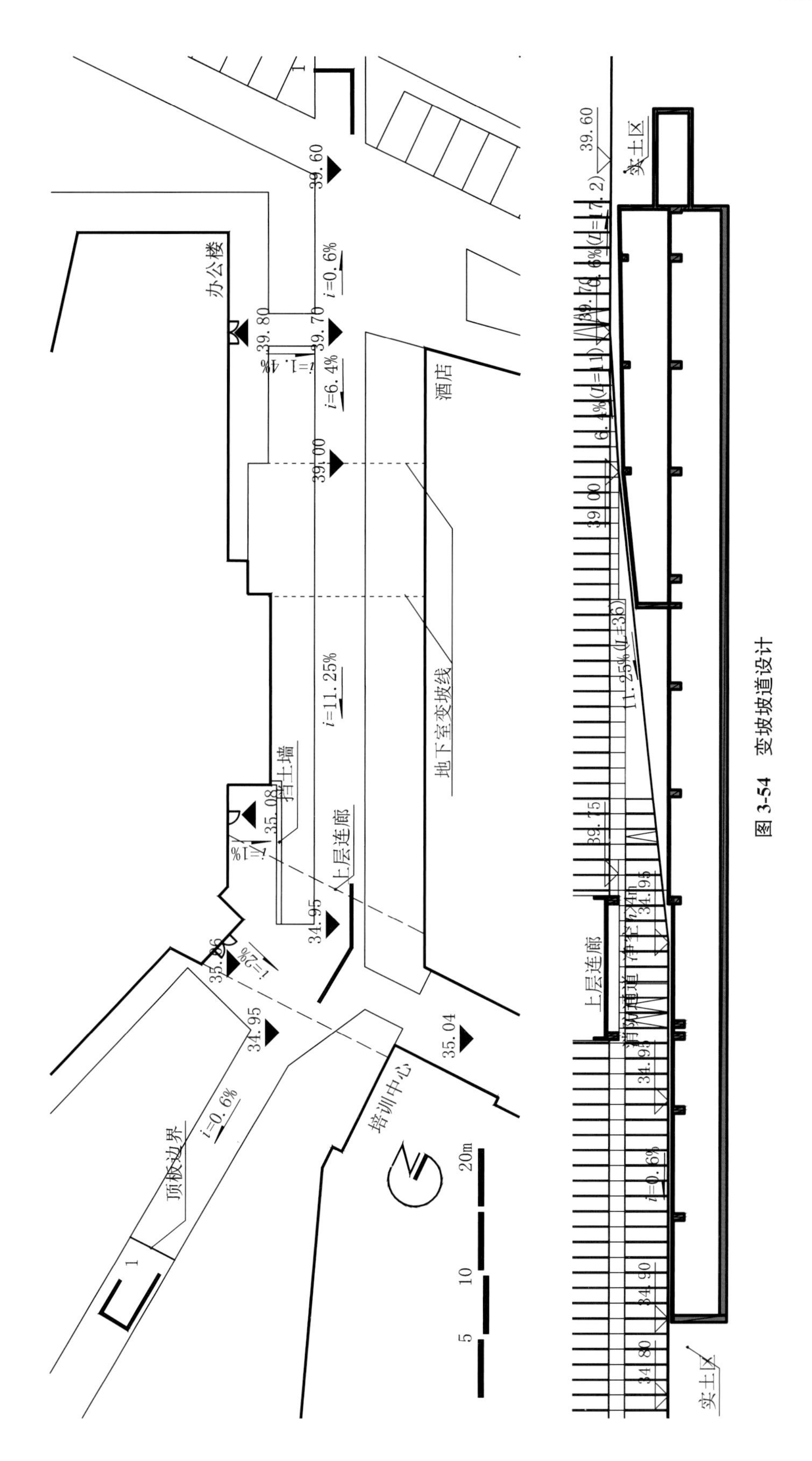
办公楼
酒店
地下室变坡线
挡土墙
上层连廊
顶板边界
培训中心
实土区
消防通道
39.60
39.80
39.70
39.00
35.08
34.95
35.04
34.90
34.80
39.75
i=0.6%
i=6.4%
i=11.25%
20m
10
5

图 3-54 变坡坡道设计

图 3-55 变坡坡道建成效果

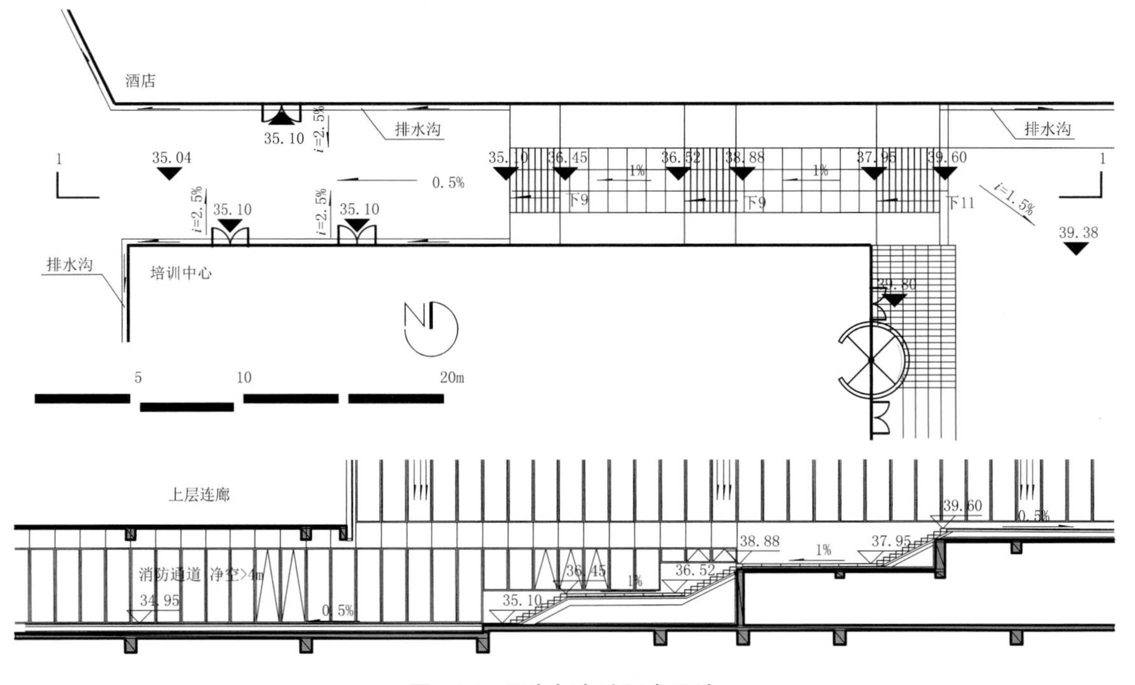

图 3-56 平台与台阶组合设计

图 3-57　平台与台阶组合建成效果（一）

图 3-58　平台与台阶组合建成效果（二）

（3）坡道台阶组合设计（图 3-59~ 图 3-61）。室外无障碍通道（图 3-53 ③）的处理，以台阶加坡道的形式解决无障碍通行的问题。竖向设计时需要考虑通道两端的高差关系和通道所在区域的出入口关系。台地高差在 4.7m 左右，空间紧凑，又要使台阶成为园林景观的出彩设计并符合无障碍需求。根据混凝土预制块材料可模数化的特性，选择以相同模数化的混凝土块材倾斜错块铺设，达到坡道与台阶融合度很高的形式。《无障碍设计规范》（GB 50763—2012）要求台阶与坡道组合，适用于建筑路口城市广场等地面高差较大的地段，坡面要平整而不光滑，宽度要大于 1200mm，坡度小于 1∶12 即 8%，坡长按照最大高度与水平长度的要求，不能大于 9m。为节省空间我们的每一级踏步之间的长度差设定为 M，即 $M \geqslant 150/8\%=1875$（mm）。所以设计 M=2m 时，坡度符合设计要求，反推了坡道最终的长度。对出入口以及建筑通风窗口的避让都需要通过剖面和平面反复求证得出结论。

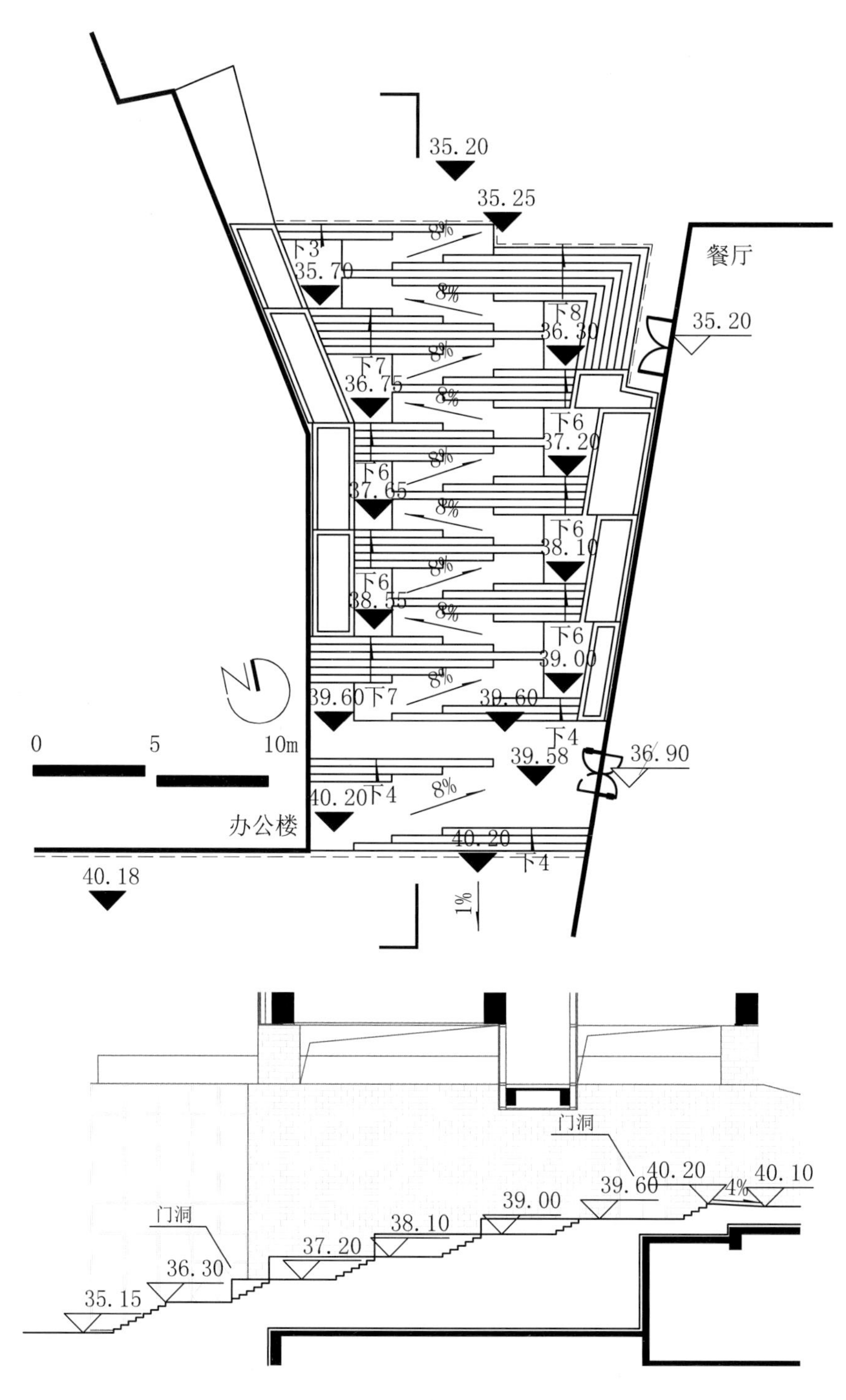

图 3-59 坡道台阶组合设计

图 3-60 坡道台阶组合建成效果（一）

图 3-61 坡道台阶组合建成效果（二）

（4）树池台阶组合设计（图 3-62~图 3-65）。餐厅南侧入口（图 3-53④）设计在地下二层，为了让这个从地上一层台阶步行到地下二层的消极倒置入口空间成为人们林荫休憩的积极空间，我们在台阶中嵌入了多级树池。由于此处完全在地下室顶板之上，横跨地下一层和地下二层顶板区，台阶基础和种植池的回填深度不一致会导致台阶和树池的基础不均匀沉降，因此树池的构造与台阶的构造采取了分步实施、脱开处理的方式。树池基础全部从顶板做起，台阶基础整体回填并预设变形缝。为了保证树池排水畅通，将地下室顶板回填轻质混凝土至树池基础标高，整体找坡2%，满足铺排水板并设计过水洞，种植池内铺设隔根层，使树池中的水可以层层导出台阶底部的建筑排水沟中。

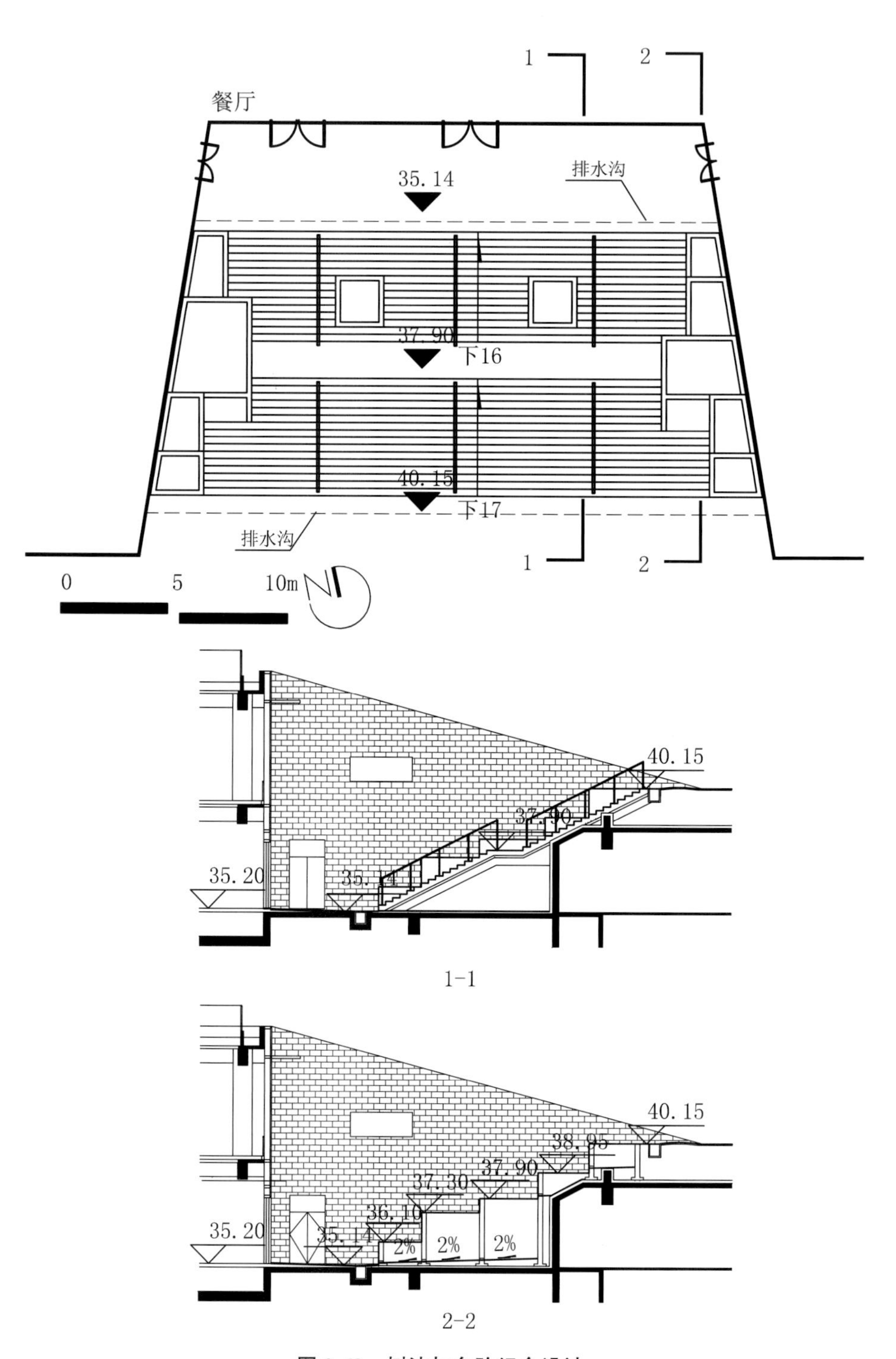

图3-62　树池与台阶组合设计

图 3-63　树池与台阶组合之前的建筑结构完成面及台阶底脚的水沟

图 3-64　树池施工过程

图 3-65　树池与台阶组合建成效果

2. 填方后驳岸坡度的巧妙处理

园区西侧市政道路标高与水库常水位标高相差达 8m。我们通过入口广场和台阶式绿地完成道路与水体驳岸的自然过渡，同时既满足了消防车道的需求，又提供了舒适的林荫区，供使用者在此驻足休憩。道路、广场、台阶式绿地所在区域原均属于水库岸线范围以内，需要大量回填。虽然回填的土方量颇多，但权衡原地貌特征以及道路对于联系河岸两侧的用地需要，填方是一个不错的选择。同时也是对河岸原生态恢复性保护的有益方式。市政道路和广场台地的回填基础均需达到统一稳定，在早期回填时，连同道路的基础一并施工，采用了抛石分层回填夯实，并辅助分层洒水措施，尽快加快沉降速度以保证回填后的基础稳定。我们在设计花池基础时，将花池基础合并成一个个方盒子，增大体积以保证整体稳定性。总的来说，在处理高差较大、基础稳定性差，特别是回填区域做基础处理时，可将结构基础整合考虑，增加稳定性（图 3-66~ 图 3-70）。

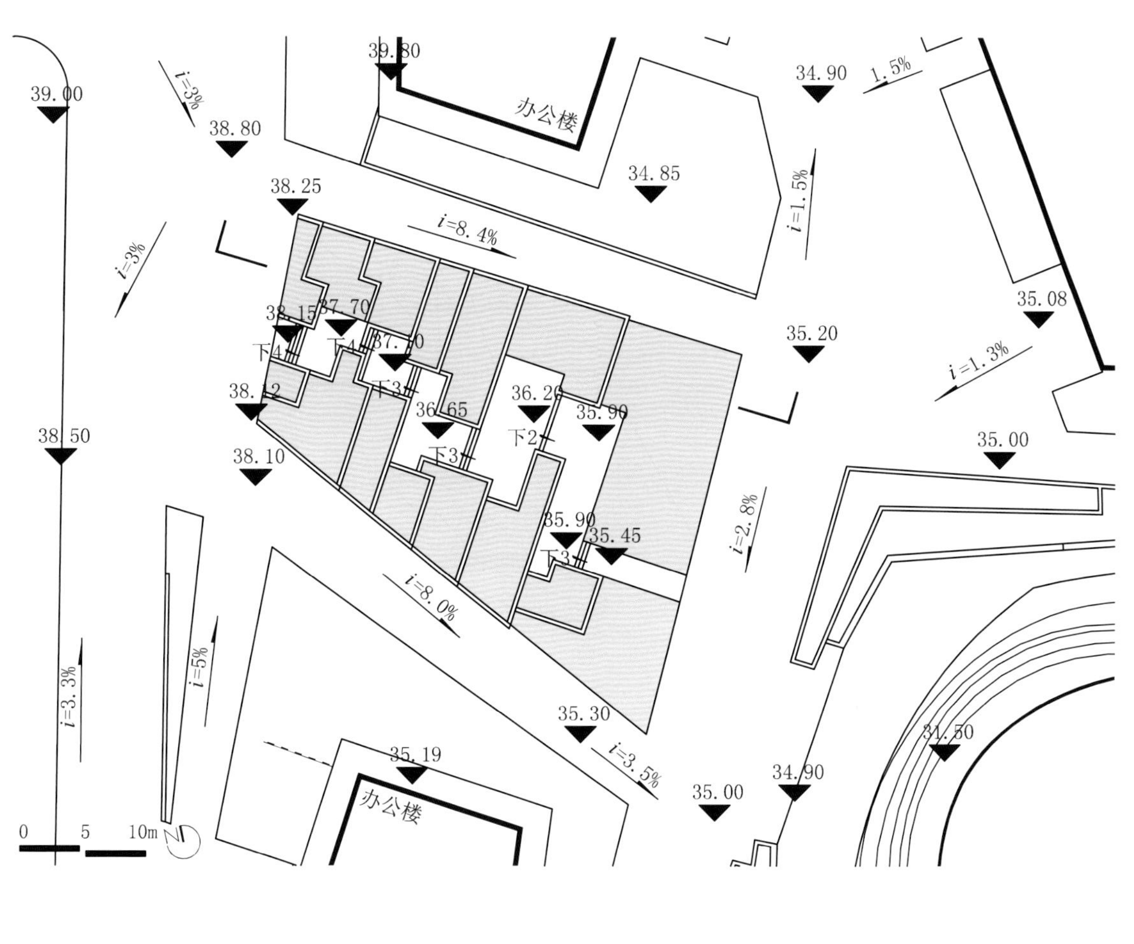

图 3-66 填方后驳岸设计

图 3-67 填方前的原有地貌——现状 8m 的高差以及南北两区的道路连接

图 3-68 驳岸建成效果（一）——台阶花池内部的人行通道

图 3-69　驳岸建成效果（二）——消防通道与台阶花池的咬合边界

图 3-70　驳岸建成效果（三）——恢复水库生态驳岸

3. 因地制宜的挡土墙设计

台地绿化的两侧分别设计了坡度为 8%~11% 的消防车道填方路，从而联系河岸两侧的园区。地面高程沿红色剪头走向迅速降低，使得临近道路的两栋建筑地下一层外露出来，且为玻璃幕墙。园林景观竖向设计处理此处填方道路肩的办法是采取不同设计方式，路北侧为挡墙式，南侧为放坡式（图 3-71）。

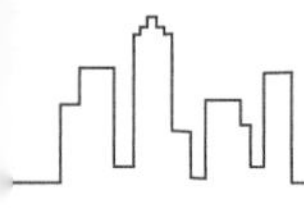

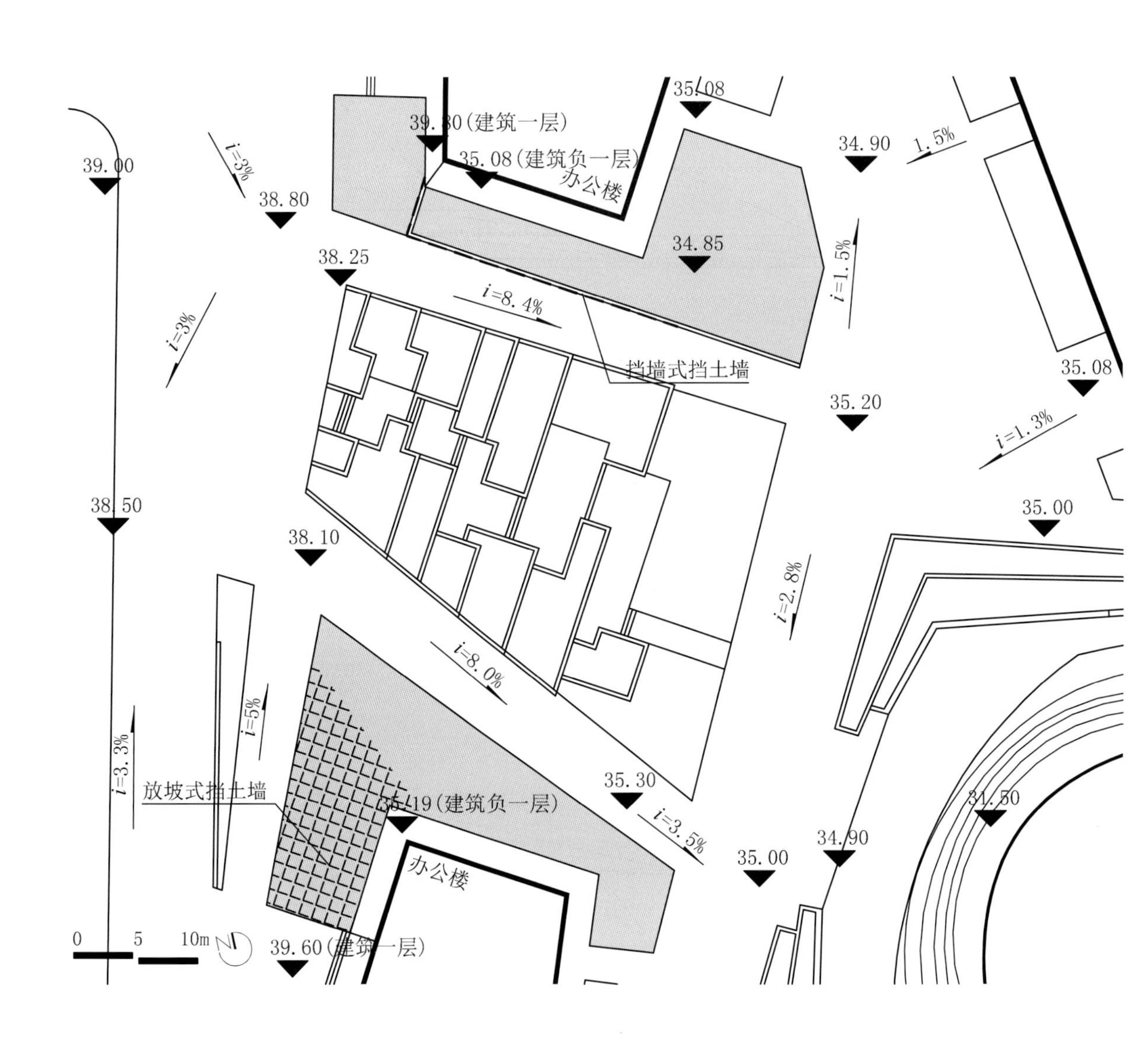

图 3-71　挡土墙设计

由于与建筑之间空间局促，北侧挡墙高差较大，采用的是混凝土重力式挡土墙的做法。挡墙内外高差最大达到 3.8m，上设 1.2m 安全围栏。为了削减视觉上的高差，在挡墙北侧回填种植土 1m，放坡至建筑脚下，并设截水沟保证雨水不倒灌建筑。在空间局促的情况下，此种半重力式挡土墙解决问题较有优势，占用空间小，在地下基础条件苛刻的地方应用此墙设计也有利于减少墙体自重。不过美中不足的是墙体立面略有呆板，此处选择清水混凝土墙恰好迎合该项目的材料设计特色（图 3-72~ 图 3-75）。

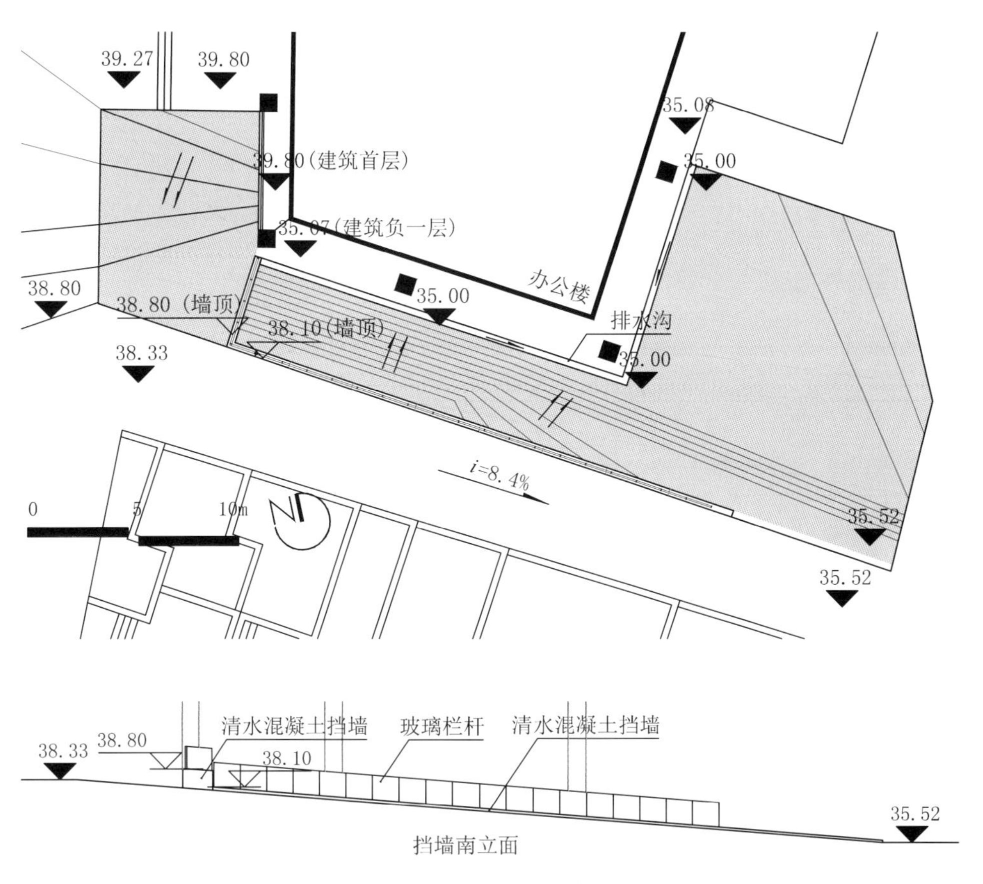

图 3-72　重力式挡土墙设计

图 3-73　重力式挡土墙施工过程

图 3-74　重力式挡土墙建成效果（一）

图 3-75　重力式挡土墙建成效果（二）

南侧由于地下基础条件较差、淤泥层较深且不具备换土条件，重力式挡土墙无法实施。但由于此处空间相对较大，放坡角度满足土壤自然安息角，因此改用了护坡覆绿的方式。由于坡度较大施工过程中采用了先由联排树桩初步稳定，再填土分层夯实，达到符合坡度的梯度后铺放种植袋。种植袋复绿这种做法不仅自然美观，还能节约成本，也是园林景观地形塑造中常用的手法（图 3-76~ 图 3-80）。

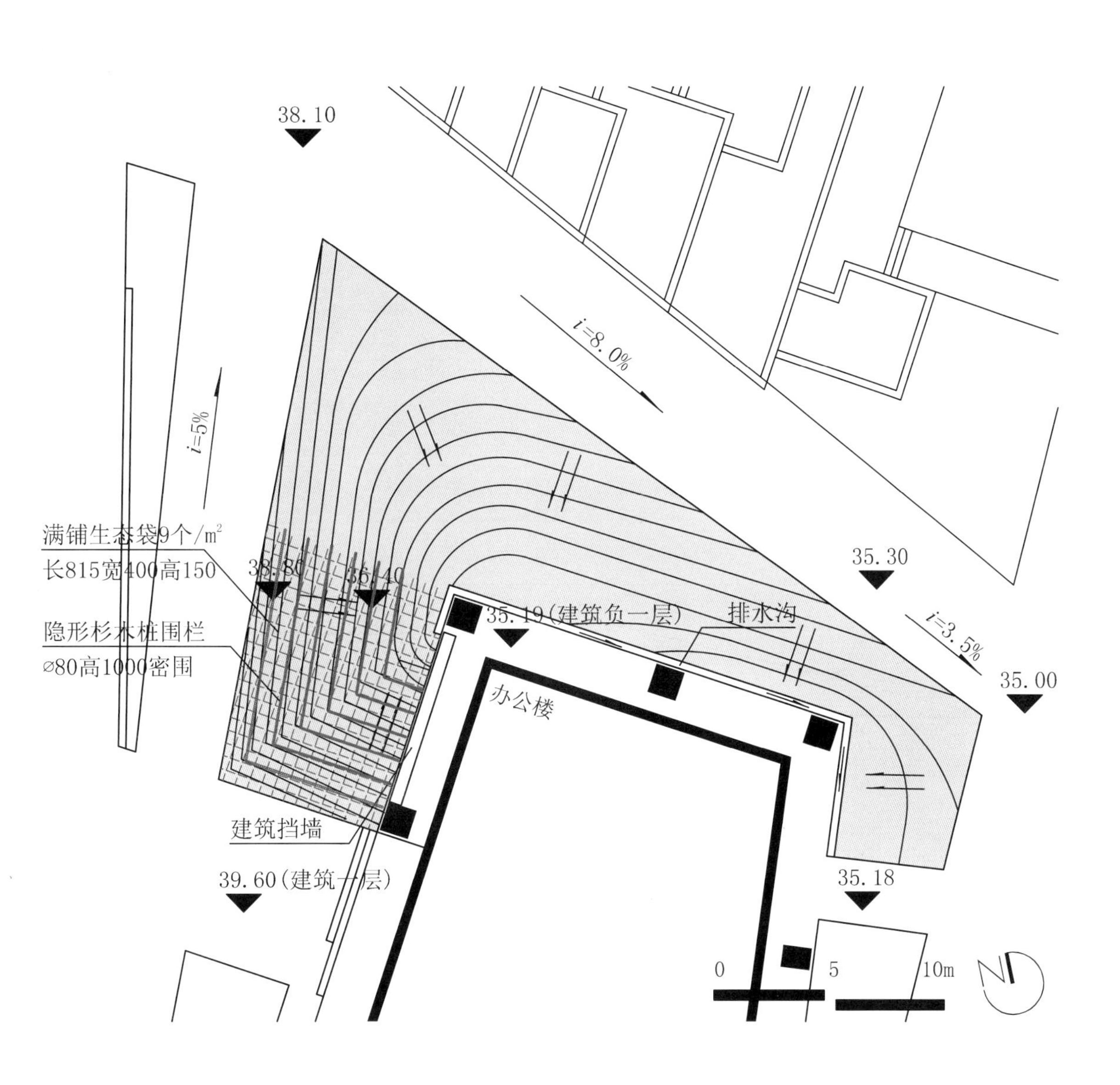
38.10
i=8.0%
i=5%
满铺生态袋9个/m²
长815宽400高150
38.80
36.40
35.30
隐形杉木桩围栏
⌀80高1000密围
35.19(建筑负一层)
排水沟
i=3.5%
35.00
办公楼
建筑挡墙
39.60(建筑一层)
35.18
0
5
10m

图 3-76 护坡覆绿设计

图 3-77　护坡覆绿施工过程（一）

图 3-78　护坡覆绿施工过程（二）

图 3-79　护坡覆绿建成效果（一）

图 3-80　护坡覆绿建成效果（二）

4. 近水驳岸高程的巧妙处理

最少扰动为前提的河岸生态解决对策，人工地形造景与保持原水体景观相结合，保护原有地貌，同时提升环境品质。

驳岸的设计综合考虑了现状驳岸线、常水位和百年一遇洪水位三个重要因素。我们在保持原有驳岸线轮廓走势的基础上进行优化，以保证建筑室外地面活动区向亲水活动区、植物生态区的平缓过渡。设计元素中加入植被生态恢复区及人可介入的游憩步道，以及满足不同水位需求的岸线设计。以百年一遇洪水位高程作为设计依据，将原有驳岸坡度按照坡度不大于 1/3 修整，提高常水位线至驳岸百年一遇洪水位与原水位之间，局部区域适当回填挖方保证常水位线 2m 范围内水深不得大于 0.7m。利用原有湖底淤泥区淹没后作为多种水生植物生境。设计驳岸线以外的亲水栈道高于百年一遇洪水位岸线，同时满足活动的范围尽可能远离建筑进入生态区（图 3-81~ 图 3-85）。

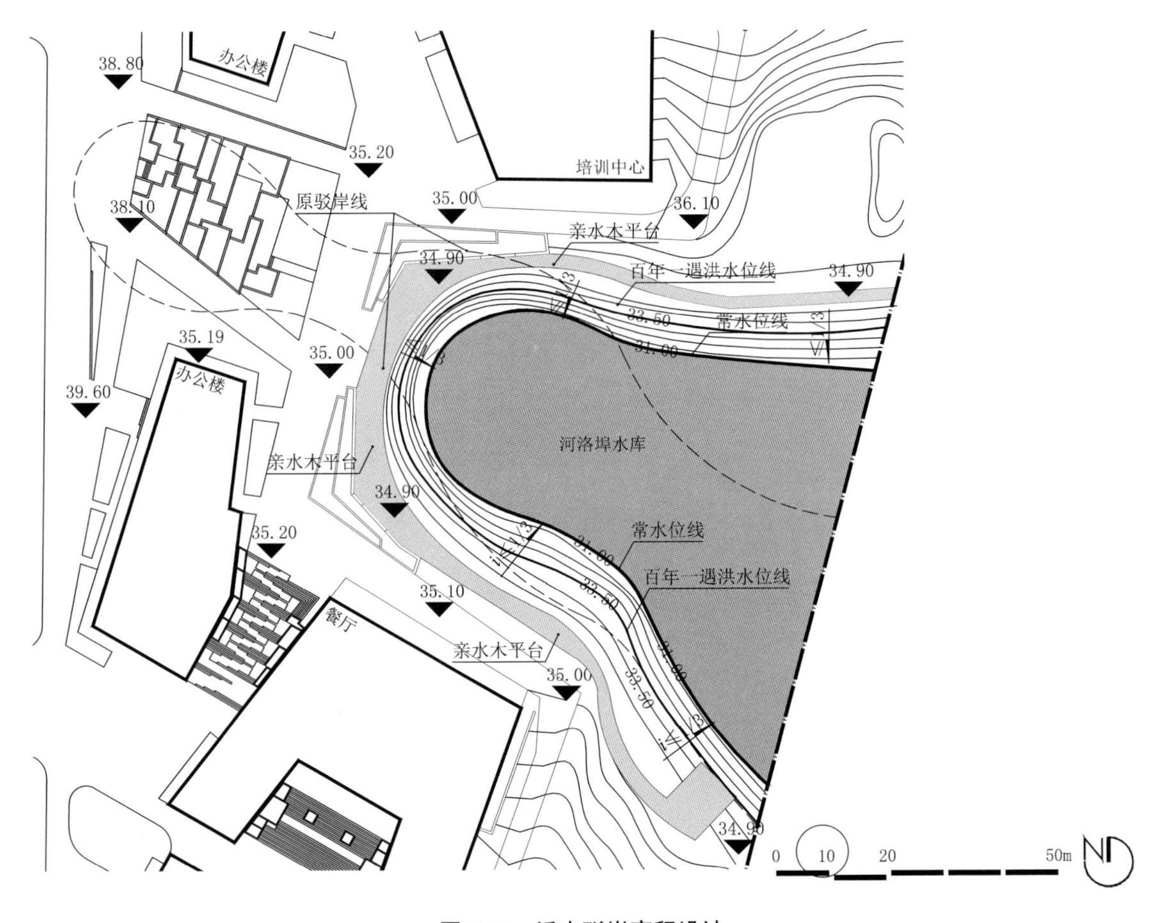

图 3-81　近水驳岸高程设计

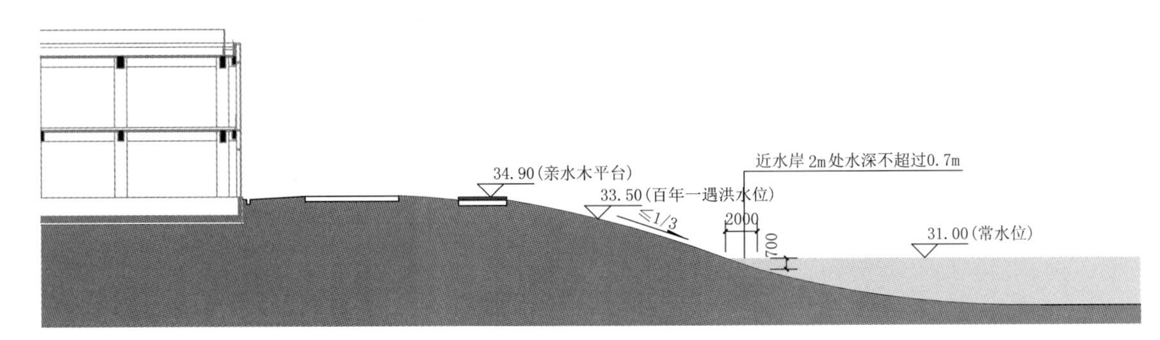

图 3-82　近水驳岸剖面

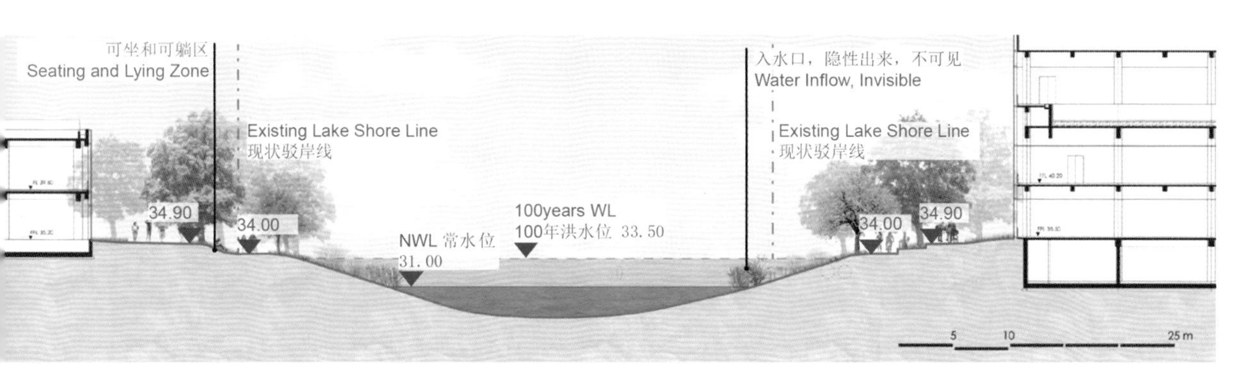

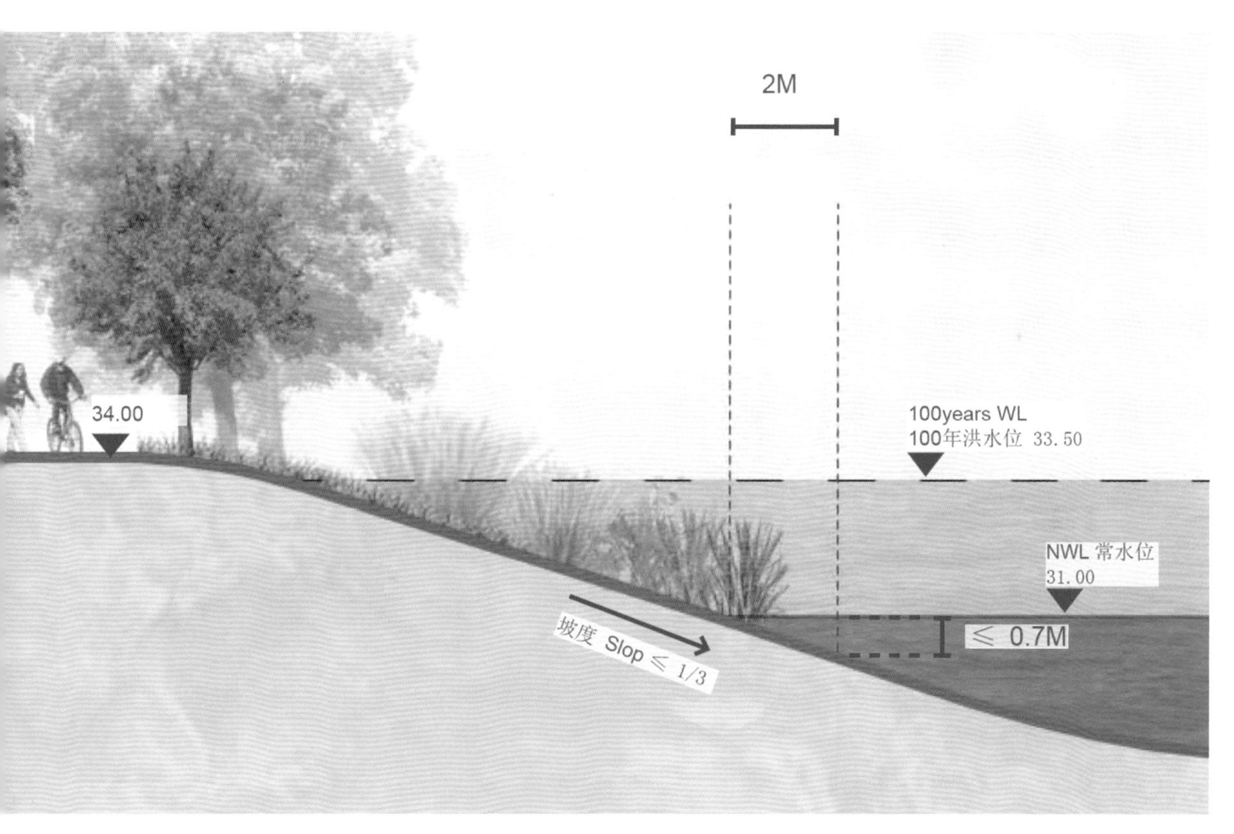

图 3-83　近水驳岸高程分析

图 3-84　施工过程中的近水驳岸

图 3-85　近水驳岸建成效果

5. 排水系统设计

我们在满足场地布局需要时，应用竖向设计解决场地排水问题。由于场地高差较大，临近河湖的低洼地排水时效是整个园区在遇到暴雨时的安全保证。对于建筑出入口易发雨水倒灌的区域、坡地较大易形成冲沟的地区，要重点解决排水问题。我们通过大量的排水沟、缝隙式排水沟、明沟等，进行有组织的疏导排水；广场地面地势较低区域，首先利用透水地面的雨水渗透，其次利用路面坡降与排水口结合迅速收集地面径流；水库作为蓄水的最终点，园林景观中的水通过收集、尘沙、过滤、净化的历程排放到水库，作为建设用地水资源利用后对河湖水源的回补（图 3-86）。

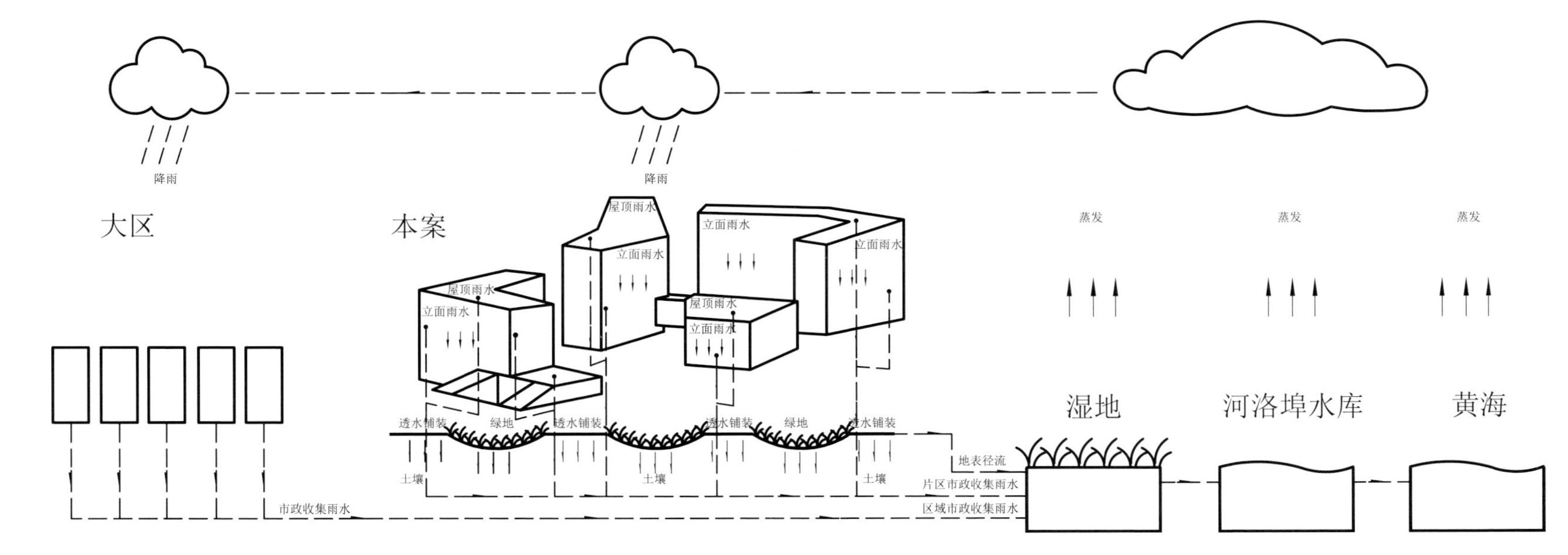

图 3-86 排水系统设计

室内外衔接处的竖向设计分为多种情况，由于材料的不同，高差的变化会出现多种组合的可能性。为了防止雨水倒灌室内，我们在建筑四周设计了多种排水沟的贯通，有缝隙式排水沟，有砾石排水沟。在设计建筑出入口截水沟的时候需要考虑的重点是建筑散水做法以及地下室顶板标高允许的埋深情况。埋深条件良好选用成品排水沟更灵活简便，在埋深条件苛刻的情况下做明沟排水、砾石排水带或马蹄石明沟。

（1）沟 1。建筑骑楼紧邻室外大面积广场铺装时，排水沟需布局在建筑骑楼以外，骑楼下的铺装和广场应向室外连续找坡。建筑出入口处为保证良好通行，选用缝隙式排水（图 3-87、图 3-88）。建筑入口为平接室外地面时，临近建筑地面至少低于室内 0.015m，而且建筑脚底至排水口高差不得低于 0.15m 或坡度为 2% 以上。

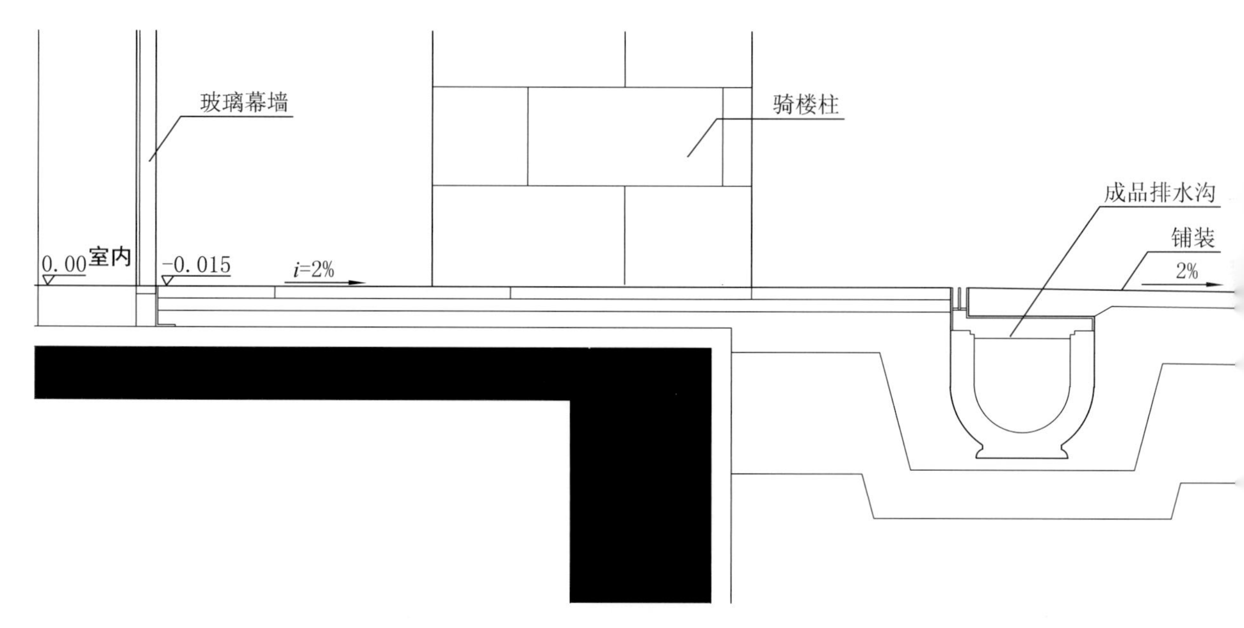

图 3-87　排水系统设计——沟 1

图 3-88　沟 1 建成效果

（2）沟 2。骑楼下的铺装与绿地相接时，选用砾石排水沟，对于雨天绿地中的泥水杂物有一定的过滤作用，特别是在绿地标高高于建筑标高时（图 3-89、图 3-90）。

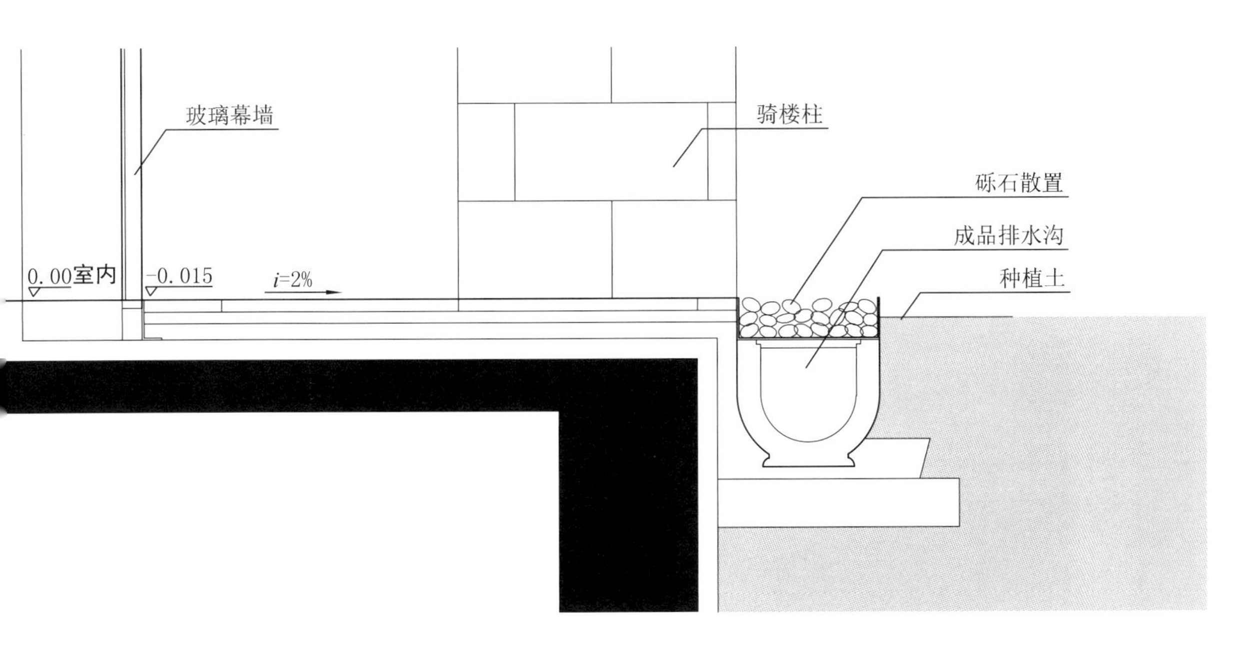

图 3-89　排水系统设计——沟 2

图 3-90　沟 2 建成效果

（3）沟 3。建筑明散水景观化处理与广场铺装一致时，自建筑外墙连续向外找坡，坡度不小于 2%（图 3-91、图 3-92）。

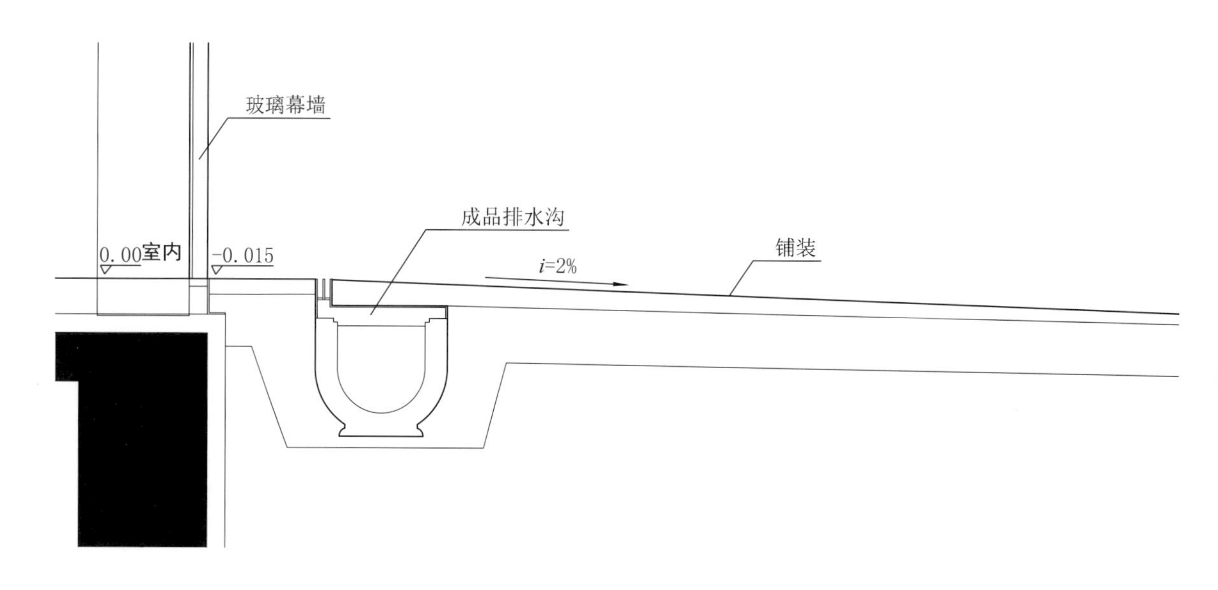

图 3-91　排水系统设计——沟 3

图 3-92　沟 3 建成效果

（4）沟 4。在埋深条件不具备的情况下选用明沟进行导流。与绿地相衔接处为砾石排水带，马蹄石道路两侧结合马蹄石做明沟排水（图 3-93、图 3-94）。

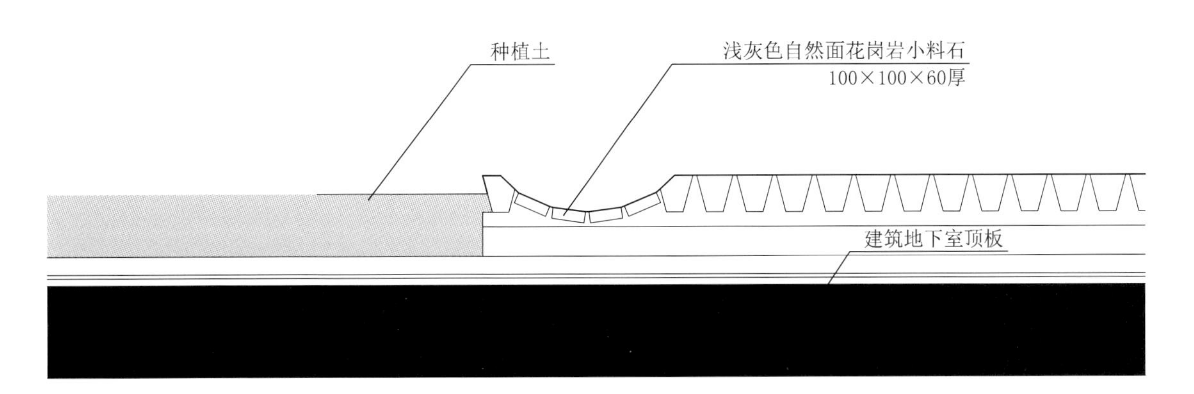

图 3-93　排水系统设计——沟 4

图 3-94　沟 4 建成效果

（5）沟 5。在室外地下室顶板较高的情况下，砾石排水沟类似于建筑明散水与室外砾石沟体的衔接。同时处理好沟体与玻璃幕墙之间的关系（图 3-95、图 3-96）。

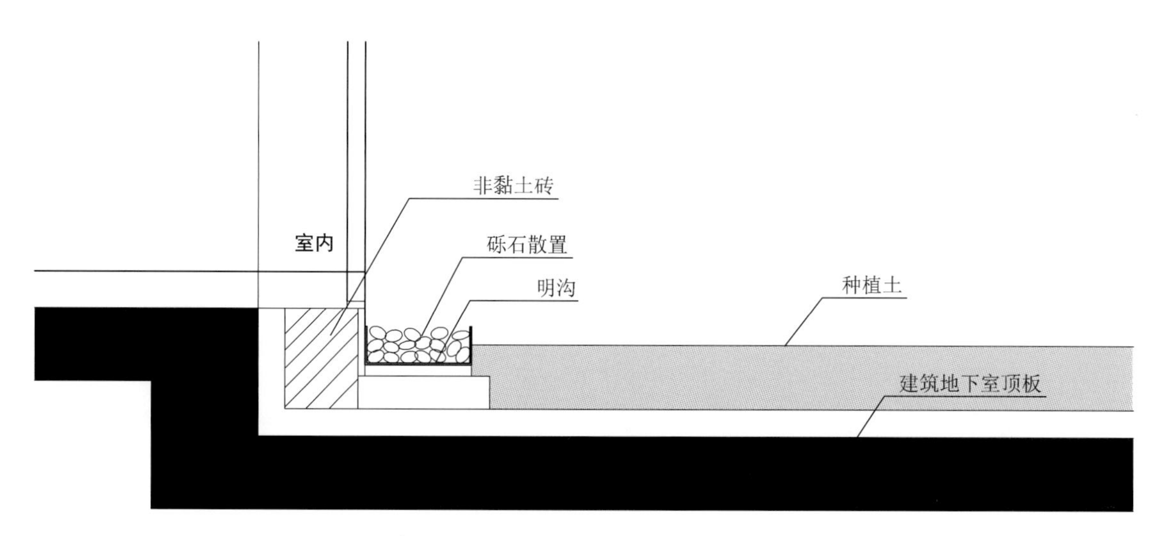

图 3-95　排水系统设计——沟 5

图 3-96　沟 5 建成效果

（6）沟 6。建筑地下一层外墙悬挑时，玻璃幕墙外排水沟需强调稳定性，排水沟部分内嵌于玻璃幕墙之下，有助于立面雨水的收集，避免长期立面雨水造成绿地局部下陷。面对草坡坡向建筑一侧，建筑底角处应采用过水面积较大的砾石排水沟（图 3-97、图 3-98）。

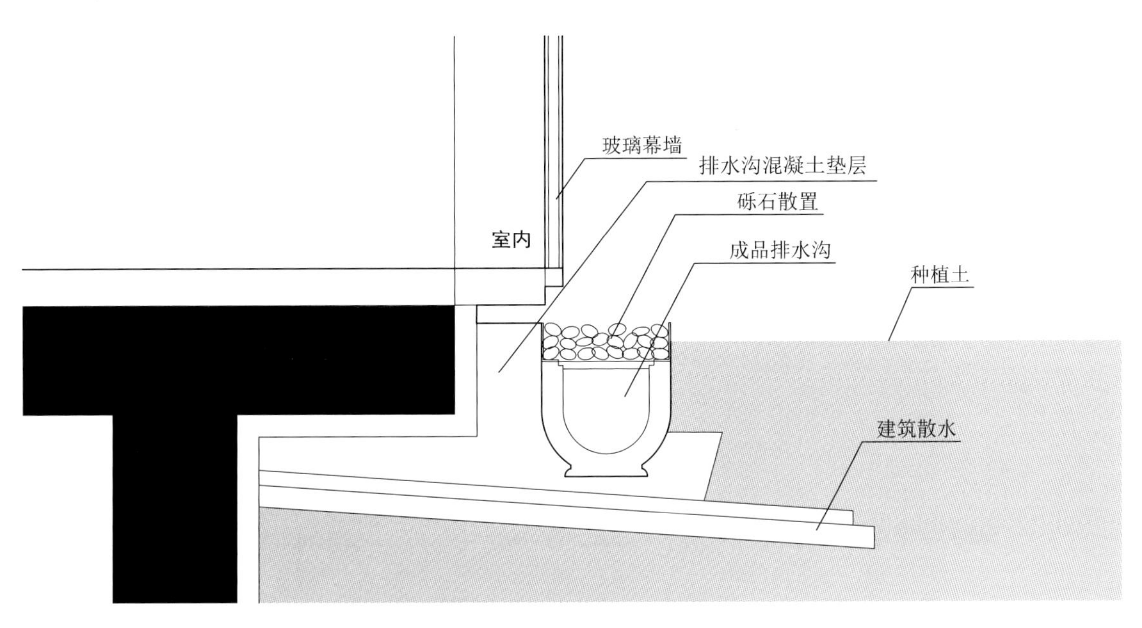

图 3-97　排水系统设计——沟 6

图 3-98　沟 6 建成效果

案例二：长辛店镇居住区

（一）案例简介与设计构思

将基地所在长辛店镇镇域周边环境景观资源纳入到前期分析范围内。长辛店镇处于环山之间，规划将自然山体的景观资源、山体走势借景到基地范围内，形成园在“山”中，“山”园相映的景观，使其成为基地环境景观的一大亮点（图 3-99）。

图 3-99　基地周边山形地势分区图

基地地处丰台园博园与北宫森林公园之间，现状植被丰富，种类繁多。基地北侧形成与城市相接的商业空间，并延展至公共绿化公园；紧邻基地东西两侧分别为规划居住用地及长辛店小学，沿西远眺，可望北京西山山脉；基地南侧为已建成居住区（图 3-100）。

景区位于地块的东侧，是高差较大的分台山地。场地内现状植被茂盛，种类繁多。此区域定位为高品质居住社区，北侧行程与城市相接的商业空间，并延展至公共绿化公园。

山地关系

视线关系

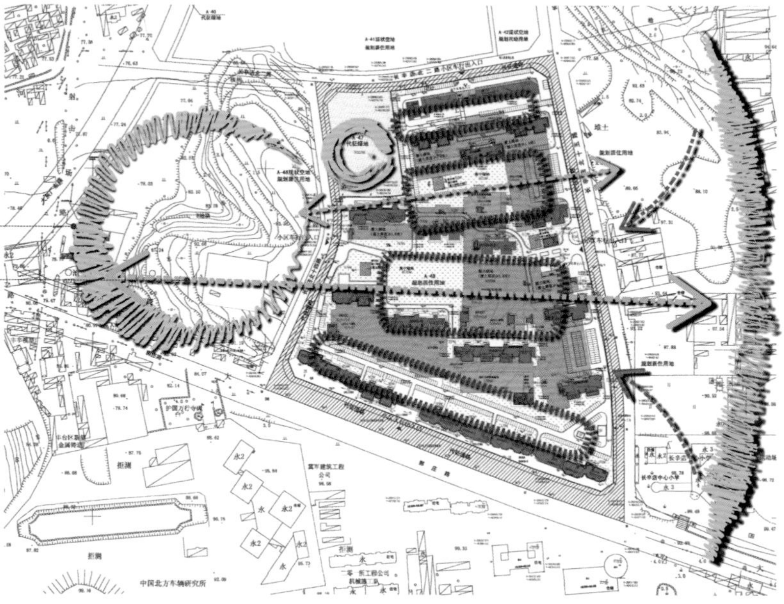

图 3-100　基地周边环境及整体视线分析图

（二）基地现状条件解读

基地总建设用地面积117086m²，其中总绿地面积48134m²，绿化率30%。基地地势东南高，西北低。高差约13m（图3-101、图3-102）。

图3-101　基地分区现状图

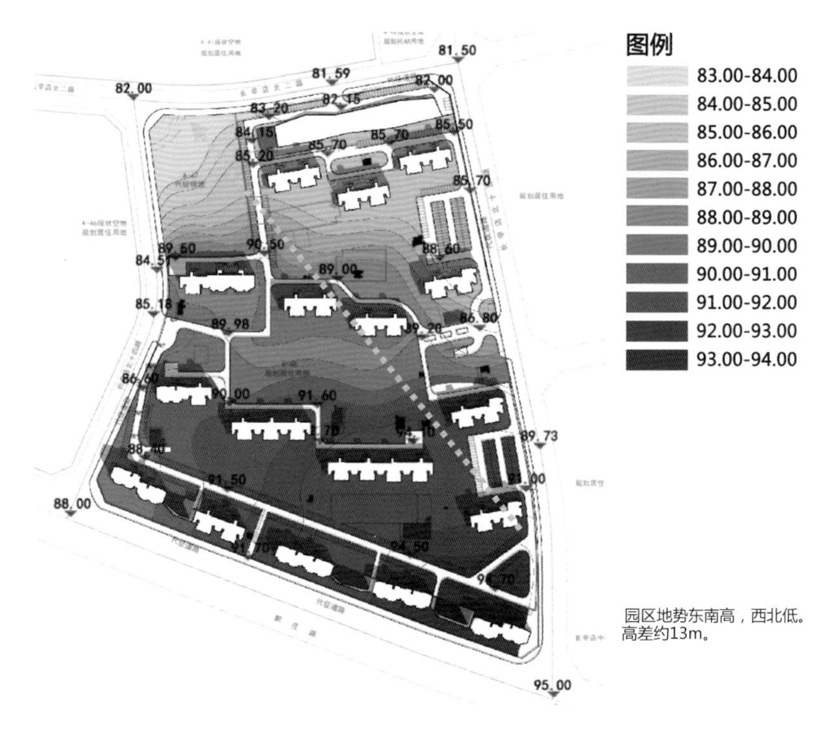

图3-102　基地现状地势分析图

基地有南北两个人行出入口。其中，北入口为人行商业街，与园内高差约 3.3m，南人行入口地势较为平坦，与园内高差不大；基地东西入口均为人车双行出入口，地势变化较大。基地东西两侧竖向与园外市政路高差约 0~5m 不等，地形地势变化复杂（图 3-103）。

图 3-103　基地东西双侧地形现状图

结合以上问题分析研究后得出，设计以“山境”为主题，以构建自然舒适的生活环境为目标，以潜山、望山、依山、居山、乐山为设计手法，使人回归至原始生活状态的新理念下的居住小区（图 3-104）。

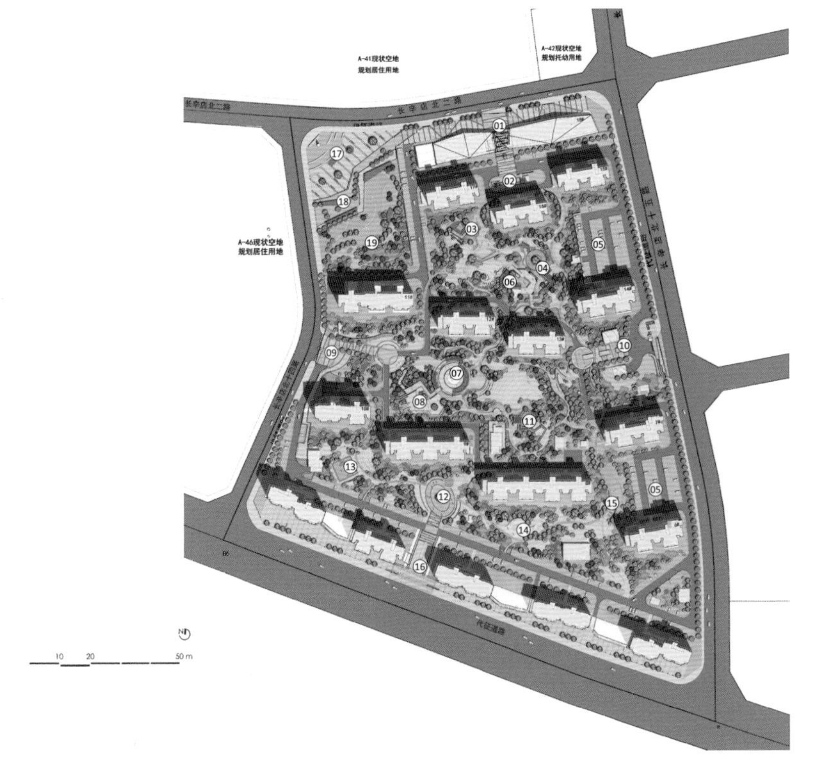

1. 园区北入口
2. 山门
3. 山塘
4. 亲水长廊
5. 停车场
6. 下沉广场
7. 亲水广场
8. 儿童活动场
9. 园区西入口
10. 园区东入口
11. 山坞
12. 休闲广场
13. 篮球场地
14. 休憩场地
15. 活动场地
16. 园区南入口
17. 街角雕塑
18. 街角长廊
19. 观景平台

图 3-104　园林景观总平面图

（三）设计理念

“外师造化，中得心源，山川浑厚，草木华滋。”设计运用古典园林意境，现代园林景观手法，尊重地形山势，梳理空间节奏，营造复合共生的“山境”园林景观（图 3-105）。

依山而上——尊重地形，由北而南，依山而上。

合院而居——隐山与浅山，打造静雅宅院。

潜山筑园——结合空间地势，形成四进院落。

驻足赏境——中国式散点布局，驻足赏景，驻足观山，驻足听水。

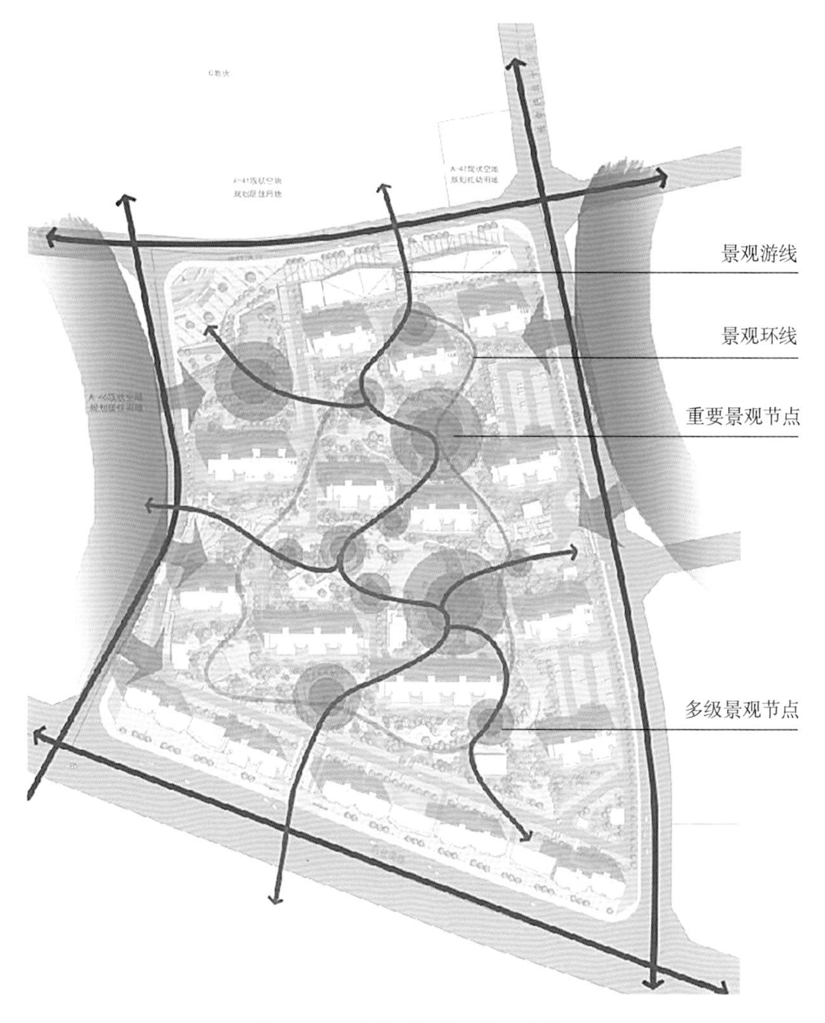

图 3-105 园林景观结构布局图

（四）设计难点

本案例的设计特色及难点在于怎样结合现有地形，合理布局园林景观空间，营造富有山地特色的居住区园林景观。

根据现有场地周边环境及高差关系，进行视线分析后，确定主要视线通廊方向及次要景观转折点，将视线较好的区域作为主园林景观节点予以打造。

居住区主景观在结合功能分析、使用需求的基础上，布置于主景观视线轴上。根据建筑布局、交通流线、地形地貌等因素将各使用空间通过轴线、对景等手法起承转合，直接或间接联系在一起（图3-106）。

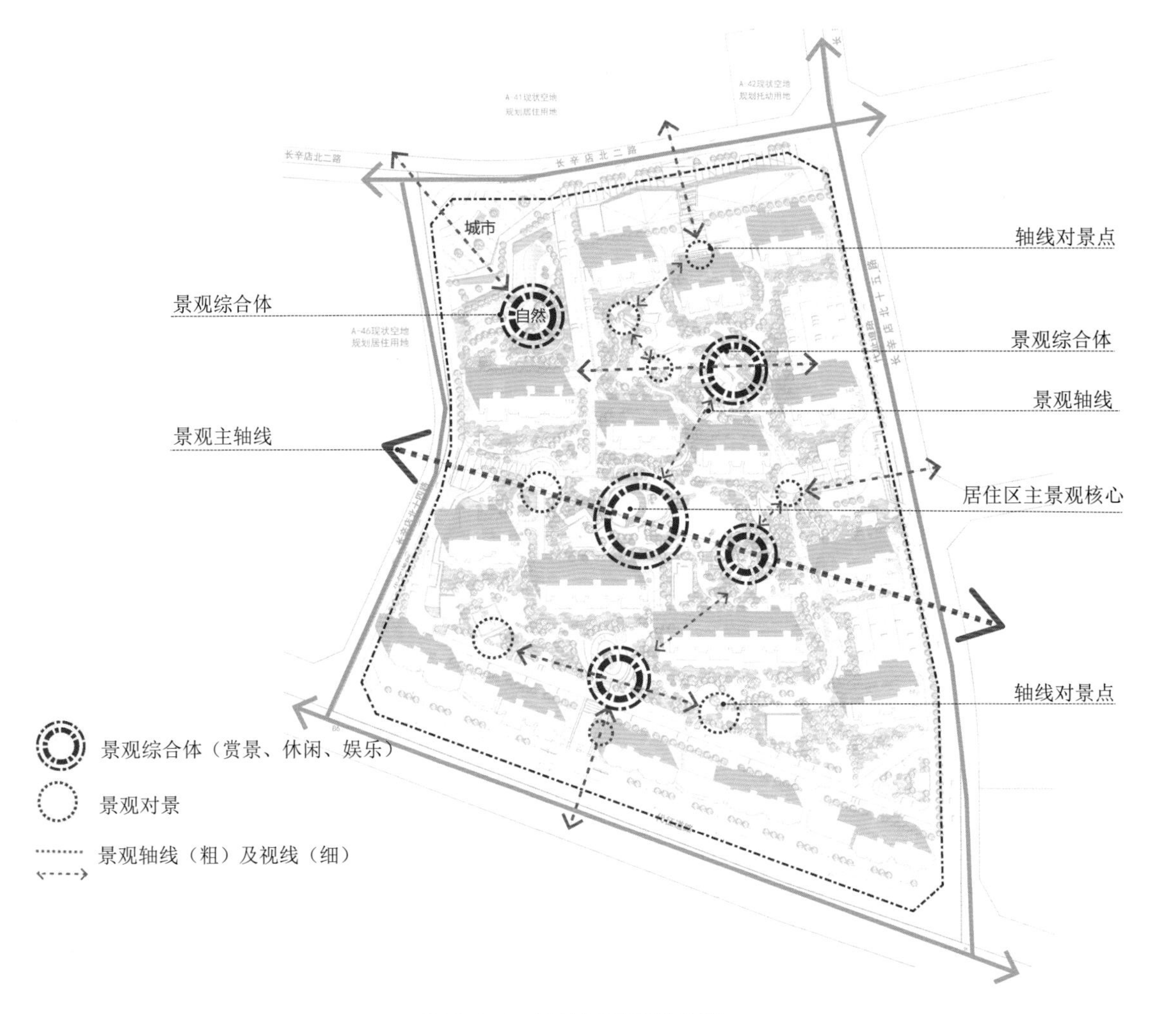

图3-106　园林景观视线分析

（五）图解设计流程及经验分享

1. 场地现状高差梳理

将现有场地竖向资料予以整合，梳理好建筑专业提供的首层绝对标高点以及总图专业提供的场地竖向高程点。分析确定好场地的坡向关系后，以等高线的方式描绘出整个场地的高程关系作为设计基础。

2. 分析确定设计高程

在现有场地高程基础条件下，因地制宜，分析场地视线关系，确保设计理念予以表达。确定场地间相对高程差，将其迭加入现有场地绝对高程中（图3-107）。

3. 核算建筑覆土承重

在一般小区的现状规划上，基本都设有地下车库的使用要求。故应核算建筑地库承重结构，与建筑结构工程师沟通后，通过相应手法，尽可能满足园林景观覆土厚度要求（图3-108）。

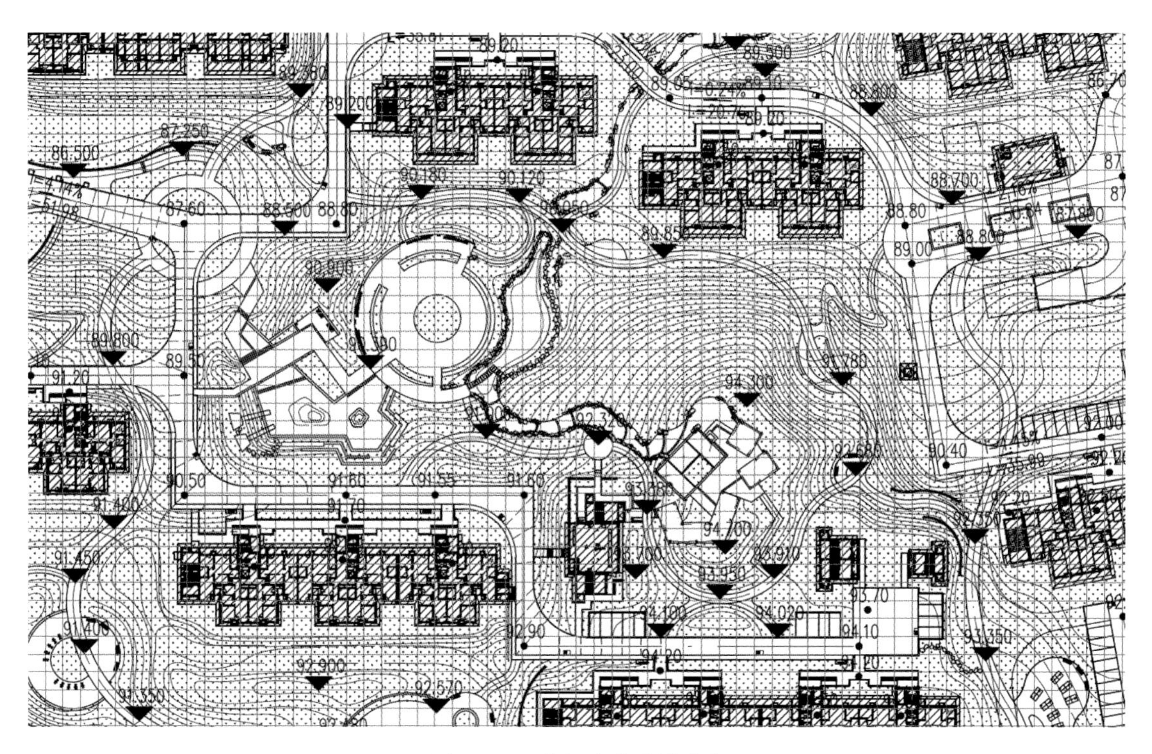

图 3-107　分析确定设计高程

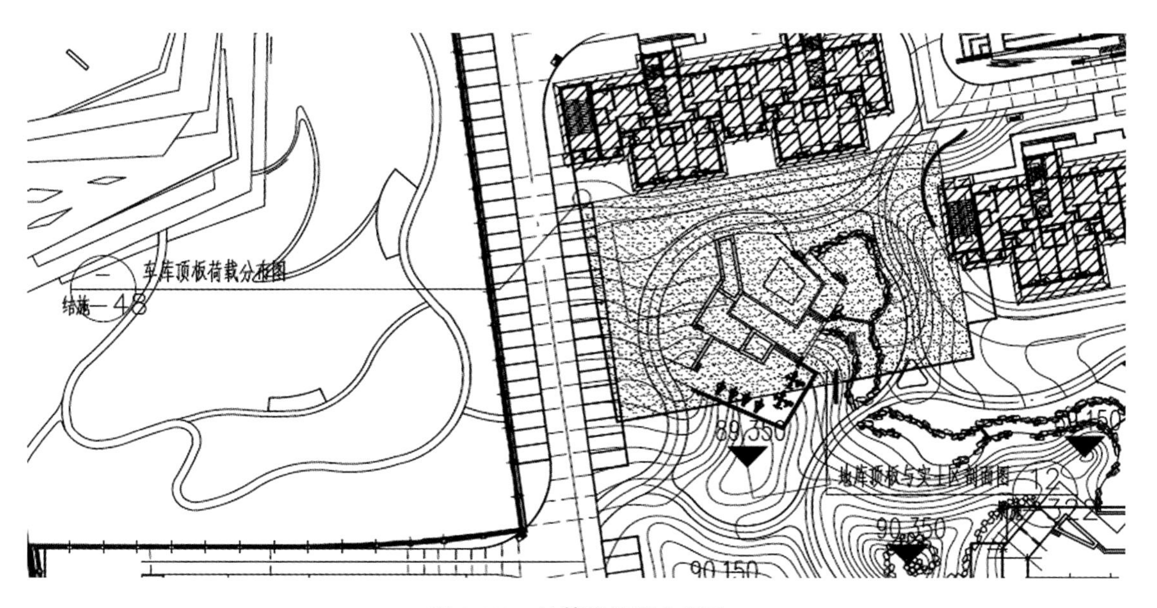

图 3-108　核算建筑覆土承重

4．深化场地竖向设计

根据方案设计中道路、场地、水景、绿地间的布局关系，深化场地竖向设计。（注：草坡自然安歇角 33°。）道路、广场等竖向坡度应满足居住区竖向设计规范。在居住区预留的紧急消防通道界面中，坡度不易过大，需满足消防车道的横纵坡设计规范。水景竖向设计中，需考虑建筑覆土厚度及建筑管线布局，确保水景下挖深度与建筑管线埋深无相互冲突（图 3-109）。对于水景的细化深度需要达到水景的跌落标高、堰口标高以及水位的承重。

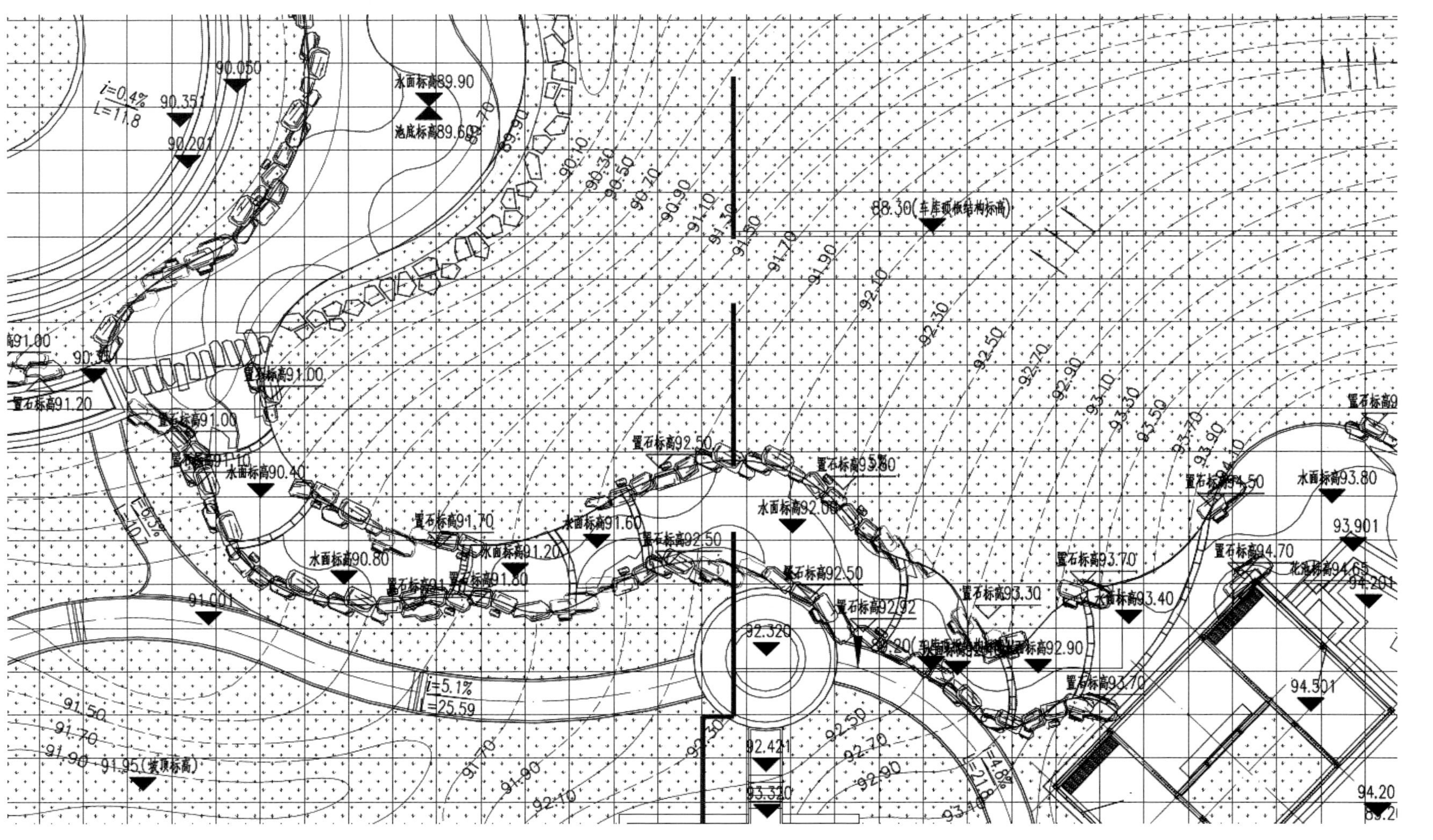

图 3-109　深化场地竖向设计

5. 场地排水找坡设计

场地竖向关系确定后，需进行局部竖向细化，确定场地的排水流向以及道路的坡度关系。

（1）有组织排水。将总图的雨水篦子排位与设计后竖向图叠加，将需要进行调整的雨水篦子标出，反提总图专业。另外，可利用图 3-31 所介绍的雨水篦子布置方式的技巧在其基础上核算场地、道路中是否应加设新雨水篦子。

（2）无组织排水。随着海绵城市理念逐步推行于城市的基础建设之中，生态下洼绿地、雨水花园的方式逐渐应用于公园绿化、交通绿化、街区绿化中。本案例的特色之一就是巧妙地运用了雨水收集、雨水花园的理念，结合现状高差，将绿地、广场、道路的水有效地汇集到生态溪流中去，解决暴雨对排水管网的瞬时压力。

6. 现场坡地定形找坡指导

在施工过程中，设计人员对现场的把控和指导也是必要的，建筑、总图、园林景观等专业在相互交接的过程中，势必会出现或多或少的设计盲区，这就需要设计人员能够根据现场条件合理有效地提出调整建议，并将相应措施反映于图纸变更之中（图 3-110）。

图 3-110 施工现场指导

第四章 园路、场地与铺装

第一节　园路、场地设计基本常识

（一）园路级别、类型及功能

在园林景观中，园路按照常用功能可以分为主干道、次干道、游步道三类。

（1）主干道作为园林景观中的道路系统骨干，与主要出入口、各个功能分区相联系，往往机动车和人行均可通行，道路宽度不低于 3m。

（2）次干道作为联系主干道的支路，以人行功能为主，道路宽度多为 2~3m。

（3）游步道是步入主要景点的必经之路，注重道路的意境设计，要更加幽静、曲折，是能够深入景点核心的道路。道路宽度可根据人流要求，因地制宜设计路线，满足疏散能力，一般可为 1~2.5m。

（二）园路风格定位与园路形式

以总体园林景观设计的风格定位确定园路的风格形式，遵循直线或曲线道路各自的特点。直线道路特点是宽窄一致，道路的竖向无明显的起伏；曲线道路的特点是自由自然，可按竖向设计的需求起伏，宽窄也是随着设计场景的需求进行变化。

自然式的园林景观设计中多为曲线道路，道路无工程曲线轨迹可遵循，定位放线时采用网格式定位。规则式的园林景观设计中多为直线或规则曲线道路，道路定位放线的是有半径有轨迹的曲线，可以采用工程坐标法来定位。

（三）园路布局依据

园林景观设计的规模决定了园路设计的等级要求。一般大型景观场地设计包括三类道路类型，小区级别或小型街头绿地类园林景观设计只需要次级园路及游步道两类即可。

（四）园路布局设计步骤

园路布局主要是解决出入口、景点、建筑、功能性场地之间的衔接问题。园路的布局应随地形、地貌、地物而变化，做到自然流畅、美观协调。

（1）首先研究风格定位，确定规模，确定园路形式。

（2）根据景点布置主干道，在主干道的骨架下进行次干道设计，进一步联系功能场地以及次级园林景点。

（3）以次干道为骨架进行深入景点必要道路及趣味道路的设计。

第二节　铺装设计

一、铺装㊀设计的概念及铺装的发展

（一）铺装设计的概念

园林景观中的铺装是指，在园林景观环境中，运用自然或人工的铺地材料，按照一定的方式铺设于地面形成的地表形式。铺装一直是园林景观设计中重要的组成部分，具有空间界定、视觉引导、疏散交通、烘托主题、营造意境等重要作用。铺装通过与场地、园路等进行不同形式的组合，贯穿设计始终，在营造空间整体形象上也有极为重要的作用。随着人们对居住环境和城市空间环境的要求越来越高，铺装作为园林景观设计不可或缺的组成部分，也趋于更多元化、更生态型、更艺术性。铺装在园林景观中有以下几种应用形式。

（1）园林景观设计中，场地的不同属性可以由不同的铺装形式来划分。因为铺装在各个园林景观元素中所占比重较大，通过铺装设计来界定空间，在二维空间中是最直接有效的手段（图 4-1）。

a）

b）

图 4-1　通过铺装设计界定空间

a）在石材铺装场地中，塑木平台划分出休憩空间　b）不同规格的铺装材料划分不同的使用空间

㊀ 本书中的铺装均指园林景观中的铺装。——编者注

（2）将铺装中的矛盾点，如铺装的质感、色彩、材料、尺寸变化，及与草坪的结合等方式引向中心园林景观，可以对设计中要表达的重要园林景观在地面上进行视觉引导（图4-2）。

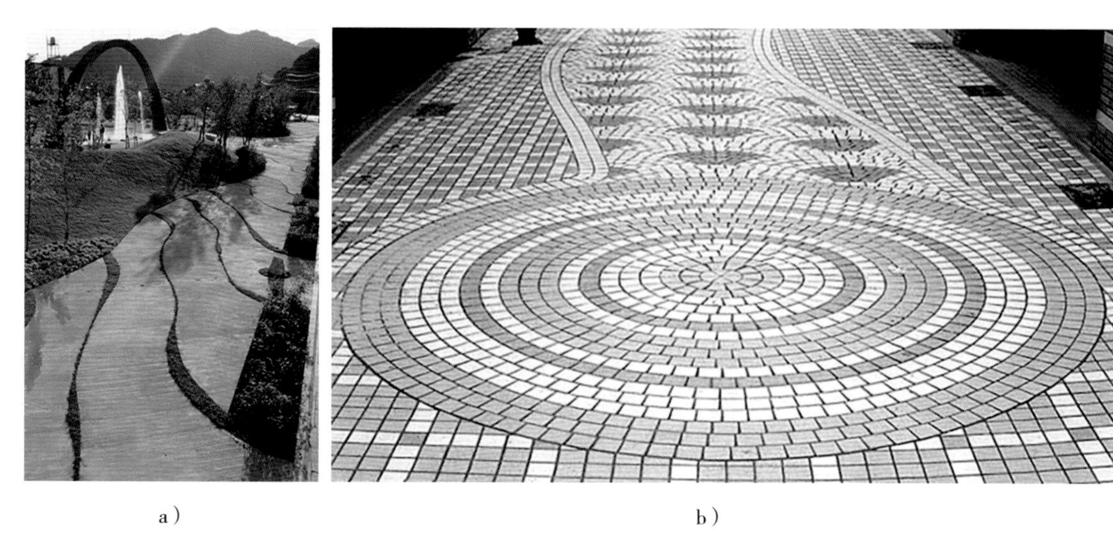

a）　　　　　　　　　　b）

图 4-2　铺装对视觉的引导

a）嵌草铺装指向中心园林景观　b）铺装色彩变化烘托主景

（3）疏散交通的属性是铺装设计中一个实用的功能，一般常见于道路铺装设计或需要解决交通集散的广场铺装设计中（图 4-3）。

图 4-3　条带式铺装指引交通流线

（4）铺装设计中常用复杂精美的拼花铺地来烘托主题园林景观（图 4-4）。

图 4-4　综合运用铺装材料的品种、规格、色彩来展示中心园林景观

（5）巧妙的铺装设计有时还能完美地诠释园林景观设计的深邃意境（图 4-5）。

图 4-5　叶脉纹理状的铺装样式契合园林景观设计主题

（二）铺装的发展

我国传统铺装的发展主要为三个阶段。第一阶段，夯土地面，即自然的泥土地。在细沙、碎石取材便利的地区会在夯实基础上铺一层细沙、坑灰或碎石。第二阶段，铺砖地面。春秋时期，人们已经可以烧制出铺地的地砖，甚至还有模印铺地的花砖，使用地砖铺地能使地面平整坚固，防潮、防灰，便于清洁。第三阶段，石铺地面。元代开始，建筑内部出现了大理石铺地。石材丰富的色彩和纹理较铺砖地面更上档次，因此多用于富贵人家。

如唐代以莲纹为主的各种宝相纹铺地砖，春秋战国出土的米字纹、几何纹铺地砖等，其工艺和雕刻都非常精美。只是受限于砖的颜色，铺装整体呈暗灰色系（图 4-6、图 4-7）。

图 4-6　宝相纹铺地砖

图 4-7　几何纹铺地砖

西方园林景观铺装最早出现于公元前 5 世纪的古希腊，最初是用于住宅的列柱中庭的地面上。到了古罗马的公共造园中，砂岩浮雕铺地已经被广泛地运用并形成了一套固定的铺装形式。最初的铺装是以实用功能为主，由于欧洲的大部分国家都是以石材为建筑材料，所以铺装材料的选择也多为石材（图 4-8、图 4-9）。

图 4-8　古代西方园林景观中的石材铺装遗址

图 4-9　现代西方园林景观中的石材铺装广场

二、铺装设计思路

园林景观中的铺装表现形式千变万化，但万变不离其宗，通过尺度、色彩、构图、质感四个基本元素组合产生差异化。在铺装设计中，四个基本元素因园林景观工程的不同而有主次。进行铺装设计时一般首先考虑尺度感，空间环境的尺度是人到达未知场地的第一感觉。其次需要考虑铺装的整体色调，温暖亲切的暖色调或是沉着冷静的灰色调对视觉的刺激也是十分明显的。有时，场地铺装的构图与色调的考量同等重要。如果是色调一致的弱对比，那么色彩感觉给人的刺激更强烈；如果是色彩的明暗、色相对比强烈，则会突出产生的构图纹样，此时构图变成了铺装的主体。最后引起视觉关注的是材料的质感，面层的处理方式会使材料的色彩、反光度有很大的不同。

进行铺装设计时，四个构成要素绝不是独立存在的，而是要统一综合考虑。此外，还要充分了解材料的各方面属性，考虑到长久使用期后可能发生的变化，如面层的耐脏性、潮湿气候下的变色性等。

（一）尺度

尺度是指物体本身的大小与其所在空间、使用者的大小的相对关系。铺装尺度一般指块材的尺寸、拼缝的设计、不同色彩质感的面积比等。过大的比例尺度会使空间感失真，过小的比例尺度给人凌乱、破碎和局促的空间感觉。一般来说，大尺寸的花岗石、抛光砖等材料用于开敞空间，而中小尺寸的地砖则用于近人尺度的小空间（图 4-10）。如果想突出场地中的某一范围，就应该将铺装尺度进行比例失调的效果设计，使得场地基底铺装面积与核心区的核心面积的比例过大。

图 4-10　中庭小空间采用小规格石材

（二）色彩

色彩影响着人的神经和情绪，让人产生心理上的变化。对于景观设计而言，铺装的色彩一般是起到奠定基调和烘托的效果，除非特别设计，否则其很少成为主景。因此，铺装的色彩要与周围建筑、环境的色调相适应。园林景观设计中，铺装处于打基调的重要位置，铺装色彩的应用要做到在统一中求变化，做到稳重而不沉闷，鲜明而不艳俗（图 4-11、图 4-12）。

图 4-11　统一色调的广场铺装

图 4-12　色彩统一的前提下铺装纹理有变化

（三）构图

铺装的图案或样式构成的形式，基本上是遵循平面构成中点、线、面的重复、交错等变化来表现的。在园林景观设计中，地面铺装往往以多种多样的形态、肌理对环境氛围起到烘托和美化的作用，成为景致。有时，材料本身的纹理，如石材的天然纹路或砖瓦的独特铺装形式，会造就设计感极强的铺装效果（图 4-13、图 4-14）。在使用同一品种石材时，往往通过不同面材处理拼合出规律的几何构图。

图 4-13　铺装色彩变化形成构图

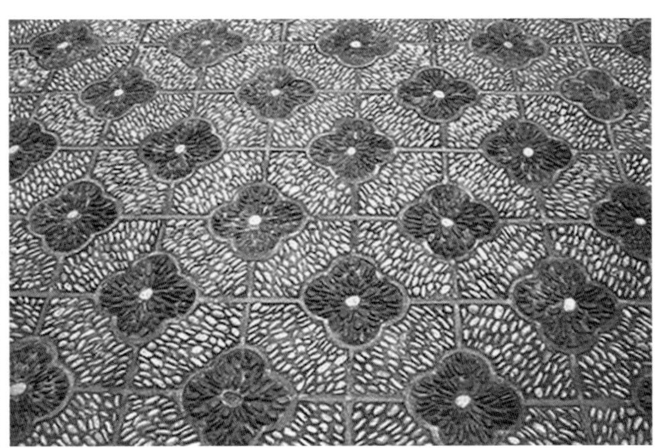

图 4-14　中式拼花铺地

（四）质感

质感是由于材质本身的结构和肌理所呈现出的不同观感。在进行铺装设计时，要考虑场地空间的大小，大空间可选用质地粗犷厚实、线条明显的材料，给人沉着稳重的感觉；小空间则应选择细小、圆滑的材料，给人轻巧、精致、柔和的感觉（图 4-15、图 4-16）。质感不同的铺装，可以通过材料的比例同样表达尺度关系。

图 4-15　沉稳的公共空间

图 4-16　精致的私家庭院

三、铺装材料的分类

园林景观铺装材料按材料的铺设方式分为整体面材、块体面材和镶嵌面材。

1. 整体面材

整体面材是指在施工时将柔性材料整体一次性铺设完成，且完成后的铺装面层没有明显的分隔缝。整体面材按照基础做法的不同可分为透水铺装、不透水铺装和运动场地。

透水铺装包含透水混凝土、彩色透水混凝土、露骨料彩色透水混凝土、透水沥青、胶筑透水石、高承载植草地坪。不透水铺装包含不透水混凝土、混凝土艺术地坪、不透水沥青、水洗石以及浮铺地面。运动场地包含塑胶路面和天然草坪、人造草坪、土质面层运动场地。

整体面材铺装的路面延展性好，对于各种不同路基均有良好的适应性，多用于车流、人流集中量较大的交通道路、广场等。针对传统沥青、混凝土，通过一定的技术手段可对其质感、色彩加以改造，成为满足不同设计需求的多样化的铺装材料。例如，在沥青中添加颜料，可以生产出彩色沥青，大大扩大了沥青的适用范围。通过基层孔径大小的处理生产出透水式沥青，主要用于人行道路的铺装，从而增加雨天行人行走的舒适性。虽然整体铺装具有施工工期短、施工时市政交通封闭时间短的优点，但在大型市政路面建成后需要较为频繁的修补和维护，耗费一定的人力、物力。因此，整体路面也就更适用于园林景观中的小型路面了（图4-17、图4-18）。

下面列举整体面材中部分较新的材料。

图 4-17　整体铺装具有良好的景观一致性

图 4-18　通过色彩变化增加整体铺装的一致性

（1）混凝土艺术地坪是传统混凝土技术的升级，增加染色技术、喷漆技术、蚀刻技术等实现。由于其造价低廉、铺设简单、可塑性强、耐久性高、外观多变的特点目前也被广泛推广。其图案样式丰富多样，如小碎石、雨花石、母子雨花石、木纹、化石系列、纹理型、石板砖、伦敦卵石、扇形、花岗石、鹅卵石、透水彩石系列等。主要颜色有白、灰、灰黄、红、绿、蓝、棕、土红、黑等（图4-19）。

混凝土艺术地坪的施工工艺流程为：浇注混凝土——混凝土推平——撒强化料——抹平收光——撒脱膜料——压膜——冲洗后涂保护剂——成品。和沥青一样，在配料中加入颜料可以做出彩色的路面。但是，混凝土路面施工工期较长，施工期间及后期进行路面修补期间道路封闭时间也较长。

（2）胶筑透水石地面是由改性高分子树脂作为胶结材料，将经加工处理的天然彩石牢固的粘接在一起，作为面层铺设在透水性基础上而形成的耐磨、防滑、美观而透水的高级景观生态地面铺设系统（图 4-20）。

图 4-19 混凝土艺术地坪做出的仿石材地面效果 图 4-20 胶筑透水石地面可以做出丰富的地面效果

（3）塑胶铺装是近年来应用广泛的一种铺装形式，多用于儿童活动区、运动公园等设计中。塑胶铺装具有颜色明快艳丽、触感柔软等优点，与儿童游戏专用细沙、砾石结合使用，可以创造出安全、趣味性强的儿童活动区（图 4-21、图 4-22）。大面积铺设塑胶时，需注意场地排水问题，边沟结合场地竖向找坡，避免积水。

图 4-21 彩色塑胶铺装

图 4-22 设计成坡地的彩色塑胶铺装

（4）人造草坪根据铺设改造的不同可分为不充沙人造草坪、填充颗粒人造草坪和天然－人造混合草坪（图 4-23）。不充沙人造草坪纤维材料多数是尼龙材料，这种草坪在外形上很接近天然草坪，草纤维下有一层吸震泡沫软垫层，但对下层的沥青混凝土垫层、碎石水稳层等的铺设要求都很高。填充颗粒人造草坪材料多数采用聚乙烯或聚丙烯草纤维，在我国应用较多。草坪的纤维比不充沙草坪的长，草纤维织物表面铺设石英砂和橡胶颗粒。这种类型的草坪场地运动性能好，耐磨实用，特别适合铺设在户外（如足球场），使用寿命较长，应用广泛。天然－人造混合草坪的草是天然的，用塑料织成网状底部设置于基础层之上，让草从网孔上生长起来，利用塑料织网对草的根部结构进行加固。通过这种方式，将天然草坪的良好质感与人造草坪的超强耐用优点很好地结合起来。

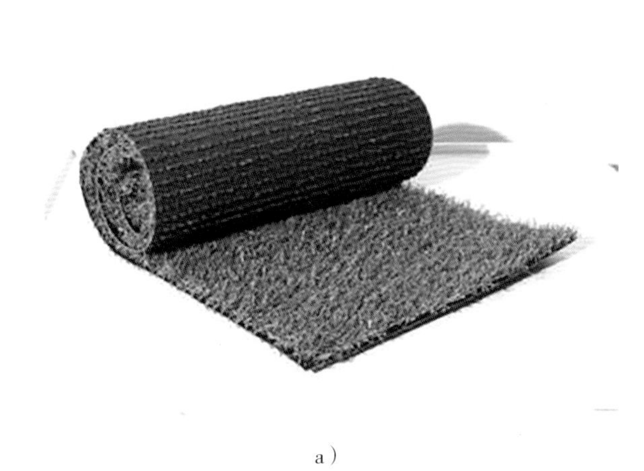

a）

b）

图 4-23　人造草坪

a）不充沙人造草坪的纤维材料　b）填充颗粒的人造草坪

2. 块体面材

块体面材包括石材（花岗石）、砌块砖类、混凝土砖、木制地面。块体铺装材料具有良好的耐磨性和耐冻结性，且施工工艺相对成熟。块体铺装材料是我们设计中最为常见的铺装材料，由于其施工方便，原料来源广泛、使用形式灵活，是铺装设计的首选材料。

（1）石材（花岗石）

石材作为铺装最普遍的材料，美观上档次，造价也颇高。其中按质地类型分有：天然花岗石、天然大理石、石料、板材几种。园林景观用的室外花岗石来源包括国产、进口两大类。铺装设计因材料特征在不同的地方选取。天然花岗石，是从天然的岩体中经过山体爆破开采出来的，经过切割、打磨等各种工序形成板材，硬度很大，耐压、耐火、耐腐蚀，价格也较高。中国的花岗石多用的色系包括：白色系、灰色系、黑色系、黄色系、红色系、绿色系、紫色系等系列。又如板岩、砂岩、洞石等石材，园林景观常用的并不多，但有必要了解一定的常识。1996 年中国建筑装饰协会就石材标准编写了《中外石材精品图标》，其中也收录了因为石材地方特征又有的一些以地方名称或是特点名称命名的俗称。

石材面层处理的方式很多，均是以自然面为基底进行机械处理或是人工打磨而成。分为自然面（开裂）、亚光面（机切）、抛光面、烧毛面、荔枝面、菠萝面、剁斧面、刷洗面、喷沙面、水洗面、仿古面、火烧仿古面、酸洗仿古面、蘑菇面、拉槽等。

石材搭配是一门兼顾美学、物理学、工程学于一体的技术。搭配石材时最多关注的是观感层面，其次是石材物理特性的匹配。就面层观感而言，利用石材的诸多特性匹配差异性最多能控制 2~3 种，包括种类、颜色、颗粒感（色彩是否匀质）、纹理、反光度、质感、硬度等。

1）一种石材的对比。通过不同的面材处理得出的统一色系下的不同质感的石材，此种石材的颗粒感面要求较为均匀，黑、灰、白色的石材基本可以做到这种方法的对比，黄色系的如锈石类颗粒感墙，斑驳的锈点密度及分布都难以统一的时候效果欠佳。

2）一个色系的不同石材，匹配前提是其具有基本观感相同的面层处理，或是与光面对比其他面层处理方式相搭配。就常用的几种石材进行一下石材面层处理效果的展示（表 4-1）。

表 4-1　常用石材面层图示

序号	石材名称	面层做法名称及图示
1	蒙古黑	自然面　光面　亚光面 烧毛面 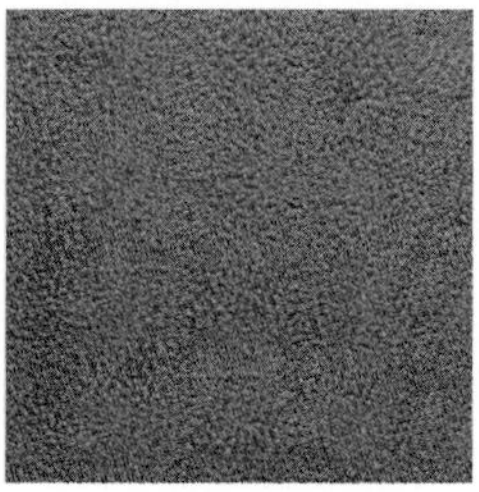　荔枝面 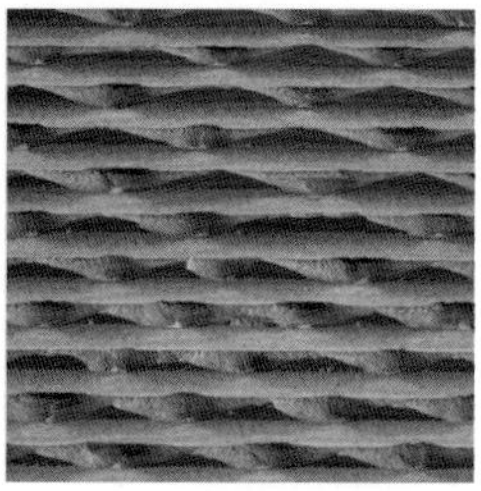　流水面 喷沙面　拉丝面 　小料块  自然面 　蘑菇面　剁斧面

（续）

序号	石材名称	面层做法名称及图示
2	山西黑	自然面　光面　烧毛面 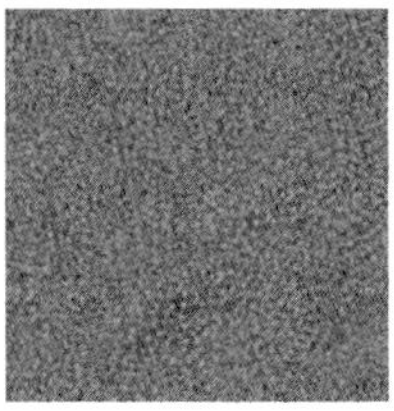　荔枝面
3	河北黑	光面　火烧面　荔枝面　水洗面
4	丰镇黑	光面　亚光面　烧毛面　荔枝面
5	芝麻黑	光面　烧毛面　荔枝面 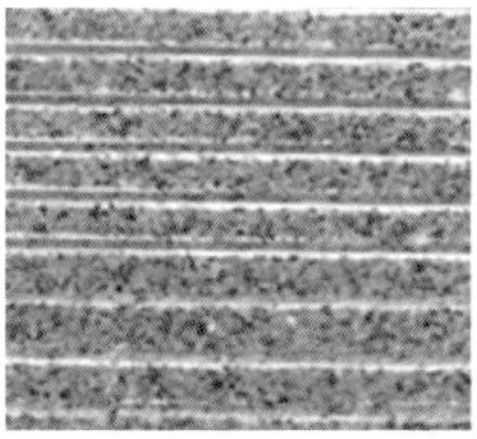 拉丝面　仿古面 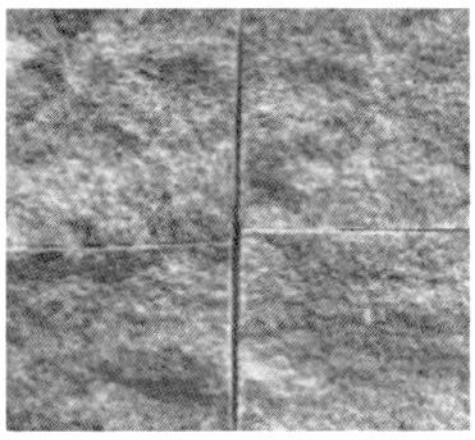　蘑菇面
6	乔治亚灰	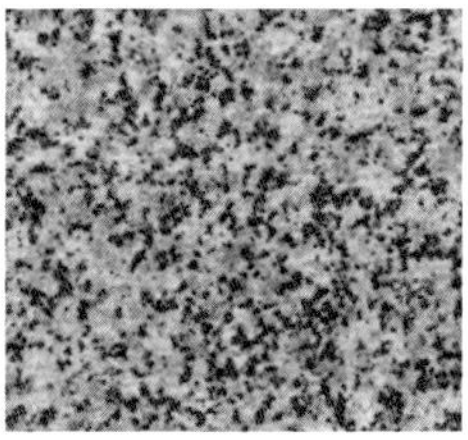 光面 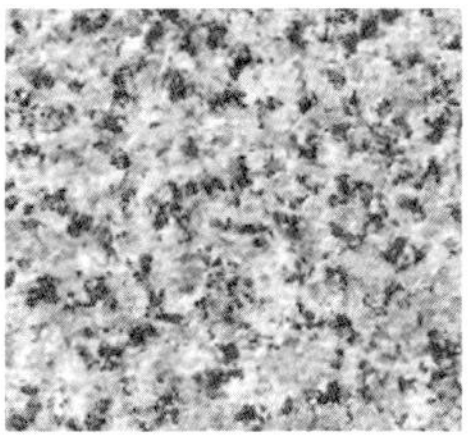　火烧面 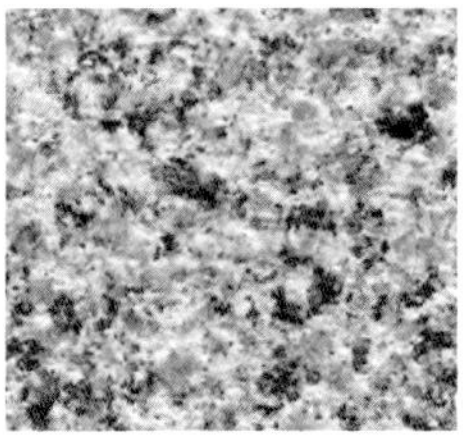　荔枝面

（续）

序号	石材名称	面层做法名称及图示
7	芝麻灰	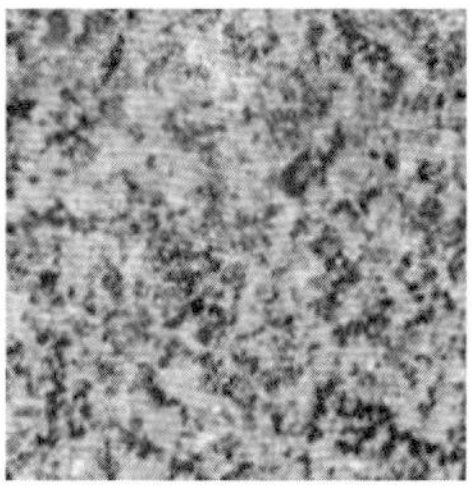 火烧面 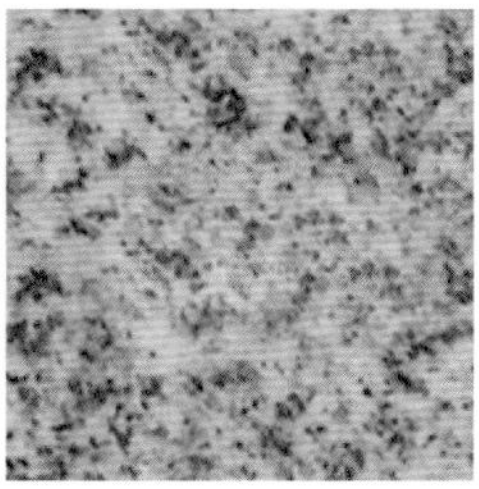　光面　荔枝面
8	芝麻浅灰	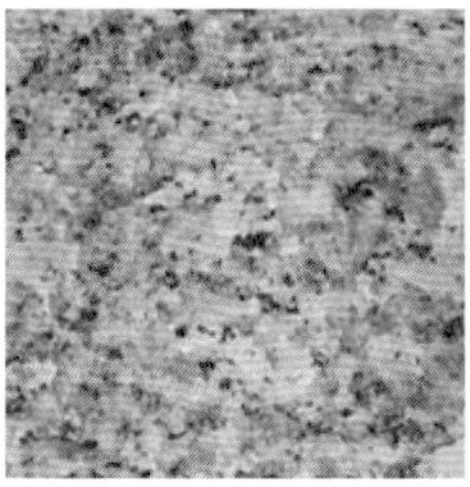 火烧面　光面 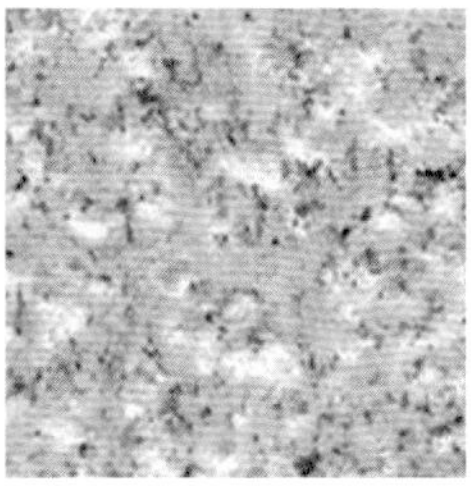　荔枝面 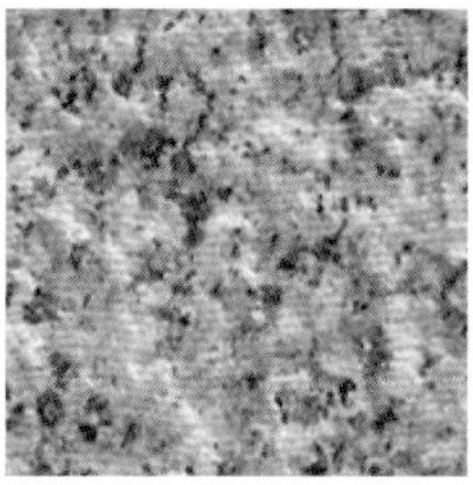 喷砂面　光面
10	白麻	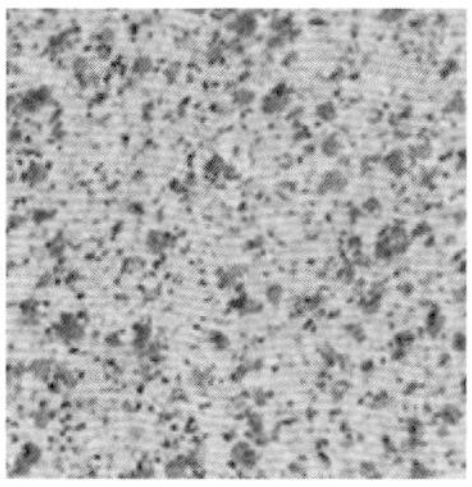 烧毛面　荔枝面 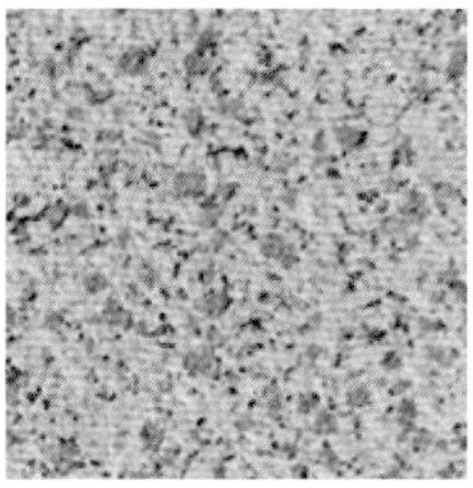　喷砂面
11	芝麻白	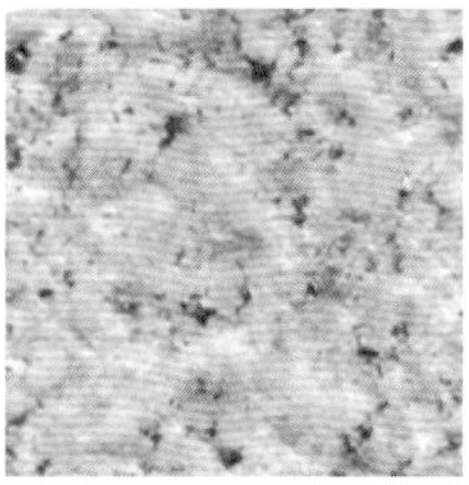 光面　烧毛面 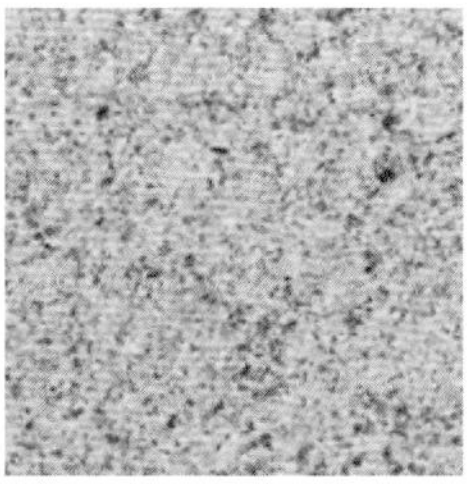　喷砂面

（续）

序号	石材名称	面层做法名称及图示
11	芝麻白	拉丝面 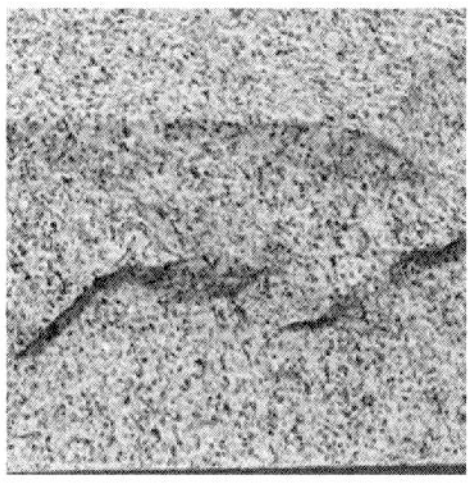 蘑菇面
12	禾山红	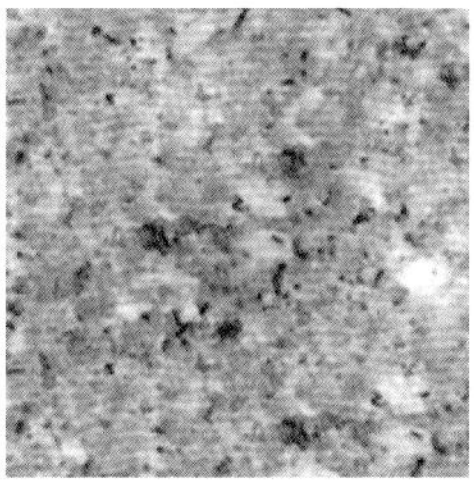 光面 火烧面 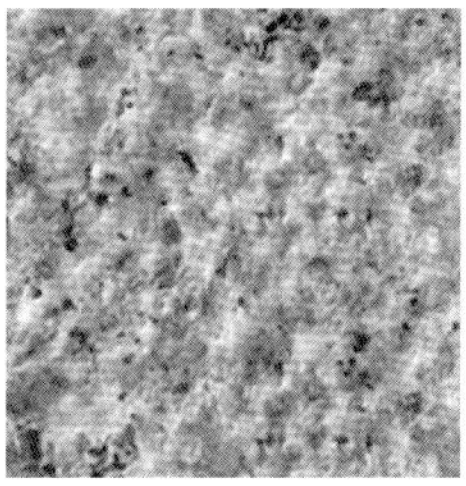 荔枝面
13	霞红	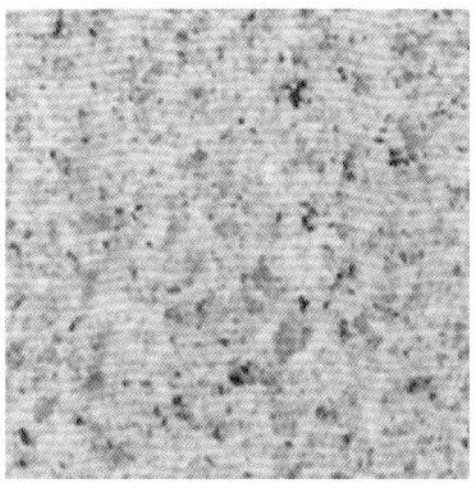 光面 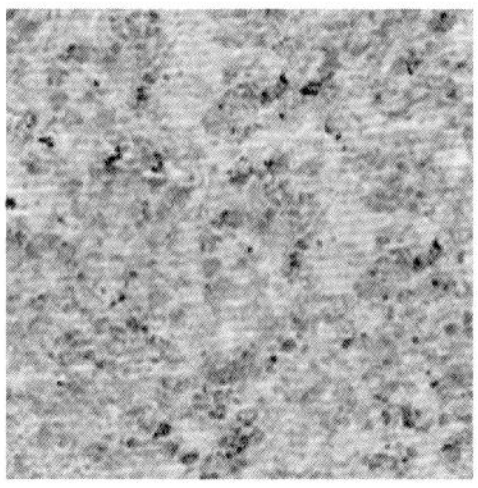 火烧面 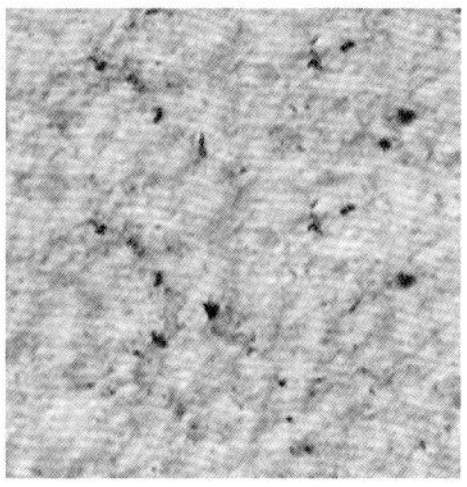 荔枝面
14	石岛红	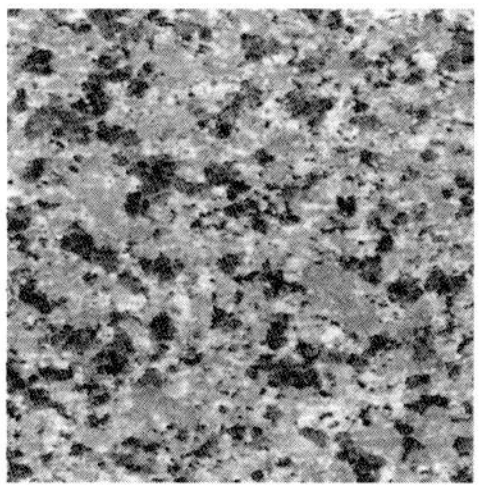 光面 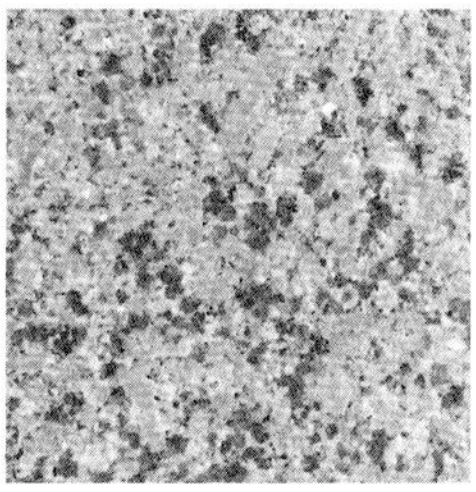 火烧面
15	漳浦红	光面 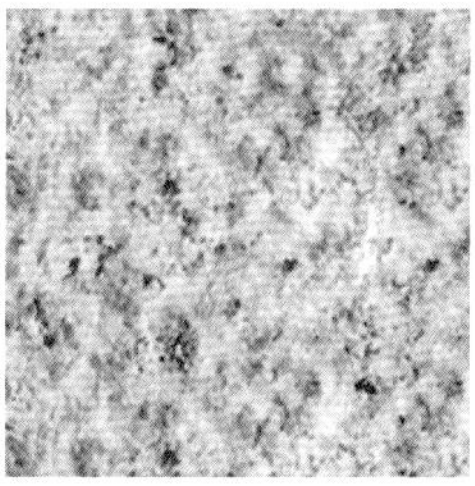 火烧面 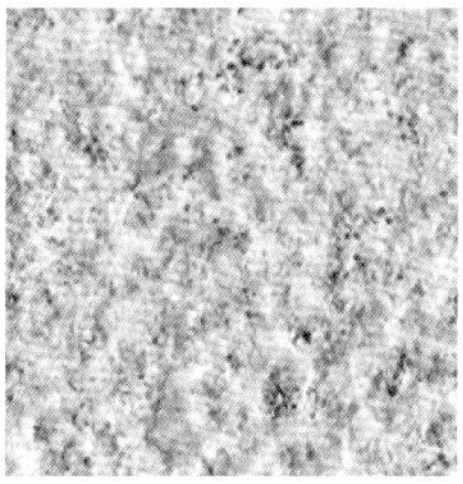 荔枝面

（续）

序号	石材名称	面层做法名称及图示
16	中国红	光面　火烧面　拉丝面　荔枝面
17	黄金麻	光面　亚光面　火烧面　荔枝面
18	黄锈石	光面　烧毛面　荔枝面

（2）砌块砖类

常见的砌块砖材料包括混凝土砖、烧结砖等（图 4-24）。按照铺装材料功能进行分类，又可分为人行步道砖、广场砖、植草砖等。虽然施工成本略高，但是在路面施工及修补地下市政设施时比较方便。

混凝土砖铺装耐磨、耐旧且透水性好。块材大小具有很强的灵活性，且可以根据设计需要制作成不同的形状、色彩，铺砌出丰富的图案。通过不同的施工工艺，创造出不同砌块砖的样式种类，如预制混凝土砖铺装地面（图 4-25）。如果使用一种砌块铺砌，整体感觉简洁明快，但可以通过大小、颜色、面层质感给铺装增加表情，如不同规格和色彩的混凝土砖可以形成丰富的铺装变化（图 4-26），倒角的混凝土砖（图 4-27）增加园林景观铺装的特色。

a）

b）

c）

d）

图 4-24 混凝土砖及烧结砖

a）上色混凝土砖 b）通体混凝土砖 c）彩色烧结砖 d）灰色烧结砖

图 4-25 预制混凝土砖铺装场地

图 4-26　不同规格和色彩的混凝土砖可以形成丰富的铺装变化

图 4-27　倒角的混凝土砌块砖

烧结砖是以黏土或页岩、煤矸石、粉煤灰为土要原料，经过焙烧而成的普通砖。以黏土为主要原料，经配料、制坯、干燥、焙烧而成的砖是烧结普通砖，有红砖和青砖两种。当砖窑中焙烧时为氧化气氛时制得红砖；若红砖再在还原气氛中闷窑，促使砖内的红色高价氧化铁还原成青灰色的低价氧化铁，便制得青砖。青砖较红砖结实，耐碱性能好、耐久性强，但价格较红砖略贵。

木材是一种既传统又现代的建筑材料。由于木材来自自然景观的天然属性，不像石材、混凝土、金属等材料给人坚硬冰冷的感觉，因此其在园林景观设计中的使用还是十分普遍的。木材本身的纹理色泽丰富多样，而且弹性好，在铺装设计材料中有着不可替代的地位。例如，悬挑于水面的亲水平台、湿地或沙地上的栈桥、截成几段的枯树干踏步石等，木材铺装在此时表达的是典雅、自然、返璞归真的意境（图 4-28、图 4-29）。

图 4-28　亲水木平台

图 4-29　颇具特色的原木铺装

由于室外环境的特殊性，园林景观铺装设计使用的木材必须经过特殊处理才能长时间保持良好的景观效果。常用的做法是采用防腐木作为设计材料。其优点是，既保持了木材的天然性，还具有防腐、防霉、防虫、防水的特性，可以经受户外比较恶劣的环境。防腐木铺装在使用时应当注意，其安全等级要根据使用场所的不同而区别对待，如儿童游乐场的铺装，应尽量采用安全等级高的防腐木材。目前的木质表面包括防腐木、碳化木、塑木。

3. 镶嵌面材

镶嵌面材铺砌是指利用板（筒）瓦、卵石（碎石）及其他碎料进行组合镶嵌铺砌的方式。中式古典园林中常见的做法有卵石铺地、花街铺地、砖雕卵石铺地、嵌草铺地等（图 4-30）。卵石铺地施工时应注意，避免将同一色调的卵石集中铺砌于同一区域而失去卵石铺装在颜色上特有的活泼灵动感。花街铺地一般会选取有寓意的图案、文字等，以深色或浅色为底，用反差色勾勒纹样。现代园林景观设计中，镶嵌碎料还可以选用废旧的材料进行替代，包括玻璃球、废钢材、破砖烂瓦、陶瓷碎片、可可果壳、树皮、木材碎片、玻璃碎片等。镶嵌面材常应用于小尺度休憩空间、园路、滨水步道的铺装中。在适宜的项目中适当比例地运用镶嵌面材铺装，节约成本的同时还可以达到调节铺装节奏的目的，营造一种特殊的美感（图 4-31、图 4-32）。

a） b） c） d） e）

图 4-30 中式古典园林中常见的镶嵌面材铺地

a）卵石铺地 b） 花街铺地 c）碎石铺地 d）青砖拼花铺地 e）嵌草铺地

图 4-31　黑白对比强烈的碎料形成律动感十足的铺装

图 4-32　现代居住区设计中的中式青砖铺装

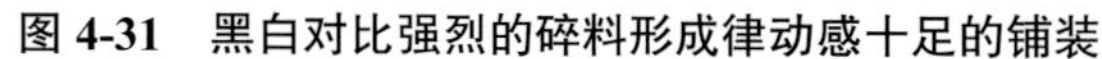

第三节　铺装施工图设计图纸表达

开始铺装施工图设计以后，需要将方案阶段各种铺装材料细化到品种、规格、色彩、面层质感，制作一张材料做法表。根据材料的实际大小绘制一张铺装平面图。图中不同品种的材料需要用不同图例表示，这样才能使读图者一目了然，也方便计算工程量，编制施工概预算。

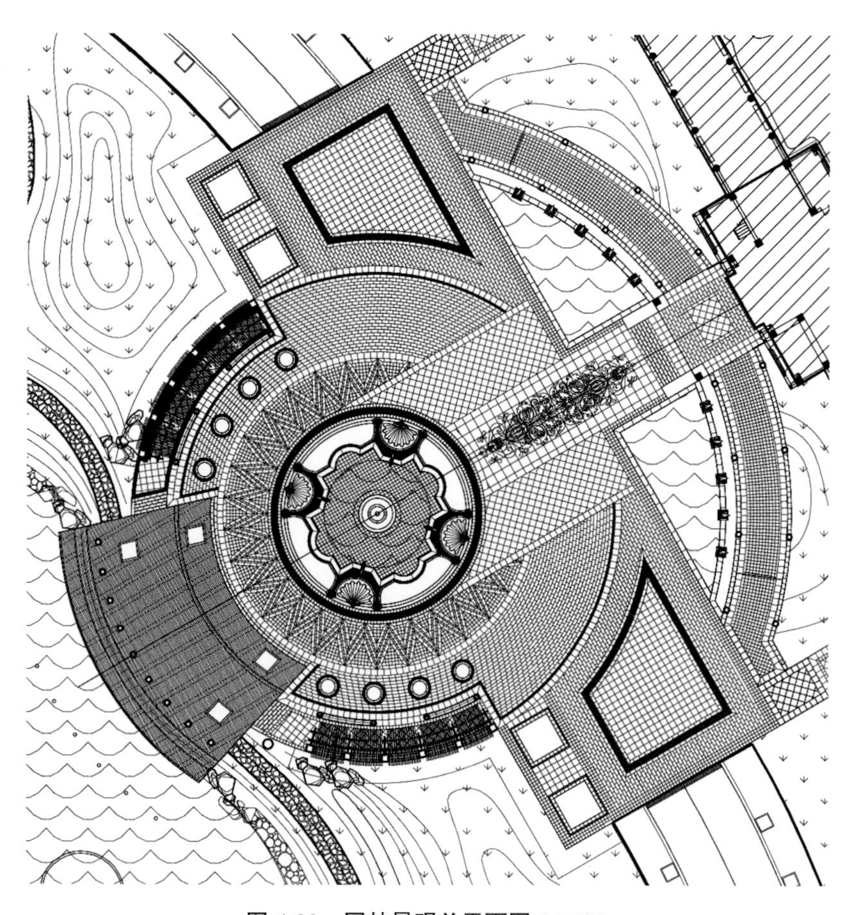

图 4-33　园林景观总平面图 1：800

铺装施工图根据项目尺度的大小，图纸比例有所不同，各比例图纸表达的内容也不尽相同。如果图纸比例达到 1：500 及以上，铺装总平面图中只需要表达清楚不同材料间的关系，即铺装的整体概况（图 4-33）。1∶300 或 1∶100 的铺装分区平面图中除了总平面图中表达的内容外，还需要表达清楚同种材料实际尺寸大小的铺砌方式，这是在施工时用来指导材料拼缝和转弯路径铺装方式的（图 4-34）。如果铺装设计中出现了细致的纹样设计或铺装分区平面图比例无法表达清楚的内容，就需要绘制铺装放大详图，表达内容要细致到石材或烧结砖是否需要倒角、倒角的角度、石材雕刻缝宽及深度等（图 4-35）。遇到工程尺寸无法标注清楚的复杂纹样，需要绘制放线图，根据其复杂程度，放线网格间距一般为 10~30cm。

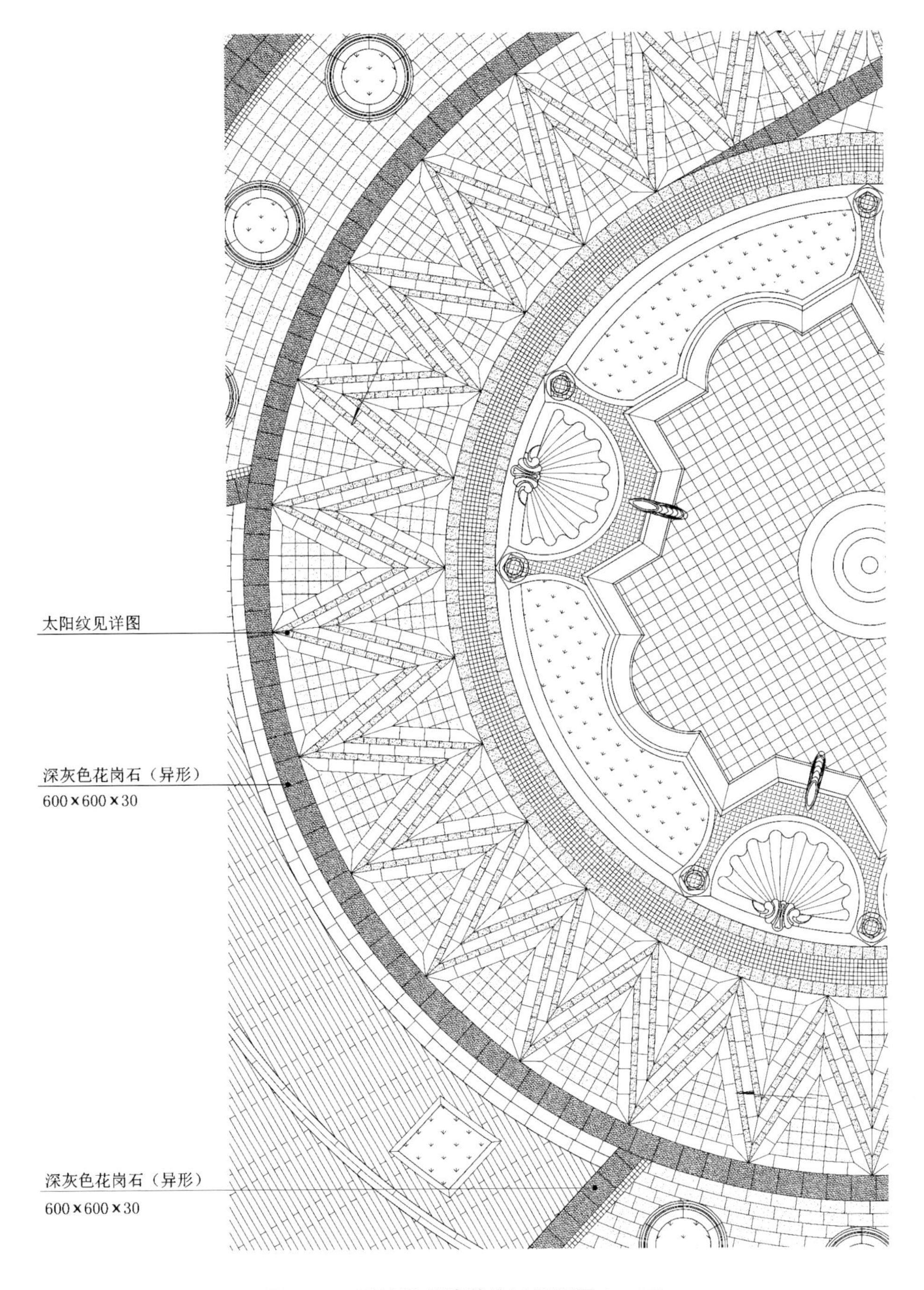

图 4-34 园林景观铺装分区平面图 1∶150

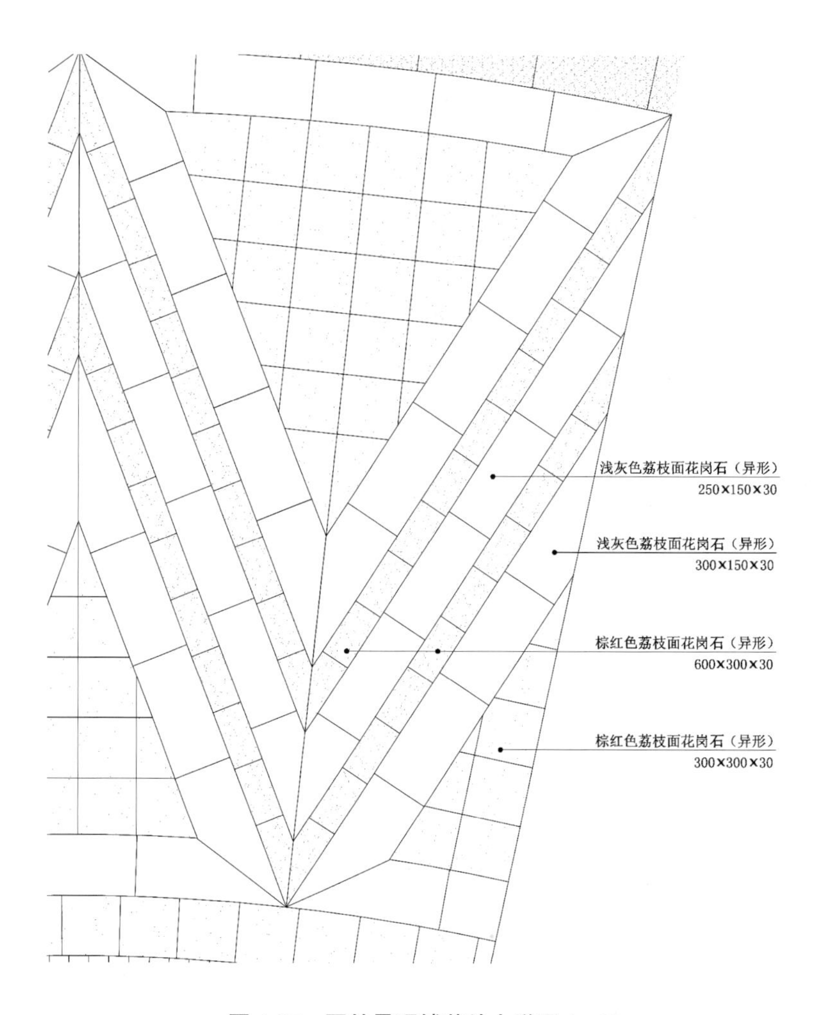

图 4-35　园林景观铺装放大详图 1∶50

第四节　铺装设计案例分析及施工图解

（一）商业街区铺装案例一分析——以北京三里屯太古里商业南区为例

城市发展日新月异，城市商业街区的园林景观设计也是随着大众的审美提高而不断更新变化。近年来，西方开放空间式商业区兴起，这种规划手法打破传统街道式商业街的模式，交通流线更为自由。由于是区域式商业布局，机动车绕行外围道路，分流的地下停车或周边地上停车也保证了商业区人行交通的安全性。商业区内灵活开敞的空间可以根据需要设计成中心活动广场、林荫广场、小型休憩区等。由此可见，新型商业区的铺装设计也与传统商业街有很大不同。

传统商业街的铺装设计是以街道的线性设计为基础，人车混行的商业街通过铺装的材质、色彩、图案将人行区域和车型区域进行空间界定，多以线性分隔式为主，铺装的主要目的是从视觉上解决交通分区，保证安全。

现代商业区的规划设计不受交通的限制，所以铺装设计以空间化的形式为主要表达方式。以北京三里屯太古里商业南区为例，三里屯太古里的设计灵感来自老北京的“胡同”与“四合院”，以传统的建筑格局为基础融入现代时尚的元素。

太古里南区临城市干道，人流车流密集，因此，商业定位为大众休闲，与建筑胡同穿梭式的布局十分契合。该区域建筑造型和立面设计前卫活泼，铺装采用灰色系花岗石作为稳定的基底，利用材质的一致性奠定南区的整体基调。从铺装设计的尺度、色彩、构图和质感这四要素来分析，该项目在铺装的空间尺度感上是通过整体的“面”来体现的，弱对比突出尺度大。铺装设计主要分为三个大区，南入口广场区、中心旱喷广场区和北入口区。三个区域以相似的材料语言，运用不同的铺砌手法，形成各自独立却又相互联系的整体（图 4-36）。

南入口广场区为了展现商业区活力、动感的个性，在灰色基调的前提下，采用浅、中、深三种不同的灰色花岗石，借鉴中国传统文化元素做不规则拼花，花岗石色泽的强弱对比远观好似一款花纹精美的地毯，在摩肩接踵的人群脚下立刻生动起来。置身其中细细观察，由于深灰色和浅灰色中间调和了中灰色，形成过渡，视觉上不会有刺眼的不适感。由于铺装材料的色彩及构图已经十分丰富了，因此石材表面统一处理成统一的哑光面（图 4-37~ 图 4-39）。

图 4-36　三里屯太古里商业南区

图 4-37　南入口广场

图 4-38　南入口广场铺装采用了三种不同灰色的花岗石

图 4-39　三种灰度的花岗石铺装细部

沿着一排现代简洁的广场灯走进商业区内部，眼前豁然开朗，视线一个转折便来到了院落式布局的中心广场。广场西侧建筑顶部是一块巨大的 LED 显示屏，与东侧连廊式的建筑遥相呼应，自然形成了视线的落点。显示屏前的空地设计为旱喷广场，该区域的铺装以暖色石材 1/2 错缝搭配深灰色石材，从随机的大面积灰色铺装中端正地跳脱出来，稳定了广场的方向性。在旱喷开启时，地面浸湿，铺装呈现的是灰色和米黄色两大色调；当旱喷停止喷水，铺装表面渐干时，可以看到米黄色石材的面层有两种不同的处理方式，由于吸水率不同，整个地面呈现出深灰、中黄、米黄三种色彩。设计上的一点缺憾是旱喷出水口和铺装石材的对应关系没有处理清楚，没有水柱的时候，地面显得有些杂乱（图 4-40）。

图 4-40　中心旱喷广场灰色和暖黄色系铺装

经过中心广场暖色铺装的过渡，北入口区的铺装形式又有所变化。这一区域采用深灰、中灰夹杂麻灰色石材的设计，以规则递进式延伸。三种石材色彩在色相和明度上都较为一致，整体看上去与外围离散式铺装高度统一，细看之下却多了严谨与规则（图 4-41）。

图 4-41　北入口区较为规则的灰色系铺装

无论是自由的离散式铺装还是整齐的规则式铺装，整个南区的铺装设计都是小块石材的拼花。建筑基部也是直接铺成整体，为了不破坏铺装的完整性，整个场地采用缝隙式排水沟，在散水找坡的最低点存在石材损坏的问题。由于铺装的随机性，雨水篦子的形式选择有缺陷，导致对铺装整体效果的破坏（图 4-42、图 4-43）。

图 4-42　雨水篦子检修口破坏了匀质铺装的整体效果

图 4-43　匀质铺装上的缝隙排水沟

（二）商业街区铺装案例二分析——以北京三里屯 SOHO 商业区为例

三里屯 SOHO 项目位于北京市朝阳区工体北路南侧，南三里屯路路西，是北京兼具国际化气氛和传统的区域。与一街之隔的三里屯太古里不同，三里屯 SOHO 是三里屯商业区核心地段，集商业、办公、居住为一体的综合社区。日本著名设计师隈研吾在设计三里屯 SOHO 的时候，强调商业环境与公共空间的融合，无论是建筑还是园林景观，抑或是艺术雕塑的设计都不再突出个人情感，而是作为整个环境空间的一部分。因此可以看到，建成后的商区，建筑的自由流线外形和地面蜿蜒流淌的小溪相互交流；玻璃幕墙的矩形分割又与地面条形铺装暗自契合；从空中鸟瞰，地面树池的饱满形态好似单体建筑平面的微缩版。建筑、园林景观相互穿插、相互协调又相互联系。

园林景观设计理念旨在打造城市中的山水之居，超高层建筑好似崇山峻岭，下沉庭院自然形成峡谷。峡谷中一条潺潺小溪蜿蜒穿过，破开冰冷的地面，带来徐徐生机。在这种狭窄空间中，利用铺装设计放大空间是常用的设计手法。铺装材料全部采用灰色系石材，色相接近的三种灰色呈递进式交替出现。色带角度与周边建筑大致呈 45° 角，斜向的张力延伸到建筑基部竖向柱或窗棂落地的位置，视觉上扩大了空间。从建筑的二层廊桥上俯瞰，带有律动感的铺装形成一幅完美的平面构成作品。仔细看去，和周围的建筑立面的玻璃幕墙色调相似，呈现出一种纷杂中的秩序感（图 4-44）。

图 4-44　三里屯 SOHO 商业区下沉庭院

下沉庭院中间贯穿着小溪，薄水面下是浅灰色系卵石，拟态自然河床。形状各异的小石头在晴天反射出不一样的光芒，较之石材池底更加自然生动。细看溪水两岸的灰色铺装，300×100 的深灰条带与 600×300 的浅灰条带交替出现的节奏中夹杂着剁斧面的浅灰色花岗石，虽然材质相同，但由于面层肌理不一致，使得剁斧面的灰色条带略浅一些，整个铺装效果更加生动。为了避免整体平铺的单调性，在面积比较开敞的空间，铺装会以十几米为一个单元，错色拼接，在近人尺度观察会有自然产生的分缝，既遵循了铺装设计的整体风格，又打破了大面积平铺的呆板。在空间相对开敞的中心区域，以匀质灰色系石材根据建筑轮廓开辟出一个不规则椭圆形区域，形成下沉庭院的中心广场（图 4-45、图 4-46）。

图 4-45　下沉庭院中的小溪

图 4-46　线性水洗与条带式铺装结合得恰到好处

三里屯 SOHO 商业区的铺装设计手法在现代商业区铺装设计中广泛应用。总结起来几个要点就是：①铺装整体连贯，没有明显的建筑散水、波打线、收边等；②铺装色彩在大统一中有小色差变化；③铺装材料面层肌理丰富；④场地排水采用缝隙排水，不破坏铺装的完整性。这种设计方法的好处在于：①以整体性凸显现代建筑的特异性；②对于场地上设计的功能性园林景观如花池、树池、座椅、标识牌、灯具以及艺术性园林景观如雕塑等没有限制，布点、形态相对自由；③弱化铺装设计的交通引导功能，园林景观设计的艺术性有所提升（图 4-47）。

图 4-47　条带式铺装场地上的线性排水沟

（三）欧式新古典居住区铺装案例分析——以某市高端居住区铺装设计、施工过程为例

本项目位于华北地区某市的老城区，周边有一个王府旧址，整体氛围庄重低调。项目建筑及园林景观定位为法式风格的高端居住区楼盘，楼型是高层和别墅结合，临街有底层商业。园林景观设计范围包括小区内园林景观设计以及沿街商业街及内街设计，整个园区园林景观传承欧洲新古典主义园林的精髓，风格大气、高雅，蕴含优雅气质的同时不乏欧洲古典主义园林的奢华，强调厚重、沉稳的建筑实体，同时透出时尚的气息。此外，园区适宜地加入了传统北方园林的造园理念，开合有度，舒展大方，体现尊贵制式的院落空间，彰显典雅、尊贵的园林气质（图 4-48）。

图 4-48 法式风格居住区

图 4-49 典雅的法式铺装

法式居住区建筑立面多为温暖的米黄色调，承袭欧式古典主义尊贵、奢华的建筑风格。园林景观铺装设计在汲取法式古典主义园林大气、典雅、奢华精髓的同时，融入现代简约的审美，整体的铺装基调带给人温暖、厚重的踏实感，舍去了繁复细碎的装饰性（图 4-49、图 4-50）。

图 4-50 石材波打线和烧结砖铺装广场和石材拼花的入户铺装广场

1. 设计难点

主入口区域的铺装设计需满足“贵府深宅”的设计理念，既要做到让人眼前一亮，体现小区入口的尊贵、典雅，又要有别于继承式古典主义的细碎、花俏。因此，在石材品种、颜色的选择搭配、细节处理方式上的推敲尤为重要。园区内部除了园林景观节点处的铺装设计要在石材拼花的样式、色彩、面层搭配上下功夫琢磨研究以外，由于本地对于高层住宅消防登高面的硬化要求，每栋楼前入户区域 8m × 8m 的大铺装面的设计也显得格外重要（图 4-51~ 图 4-53）。

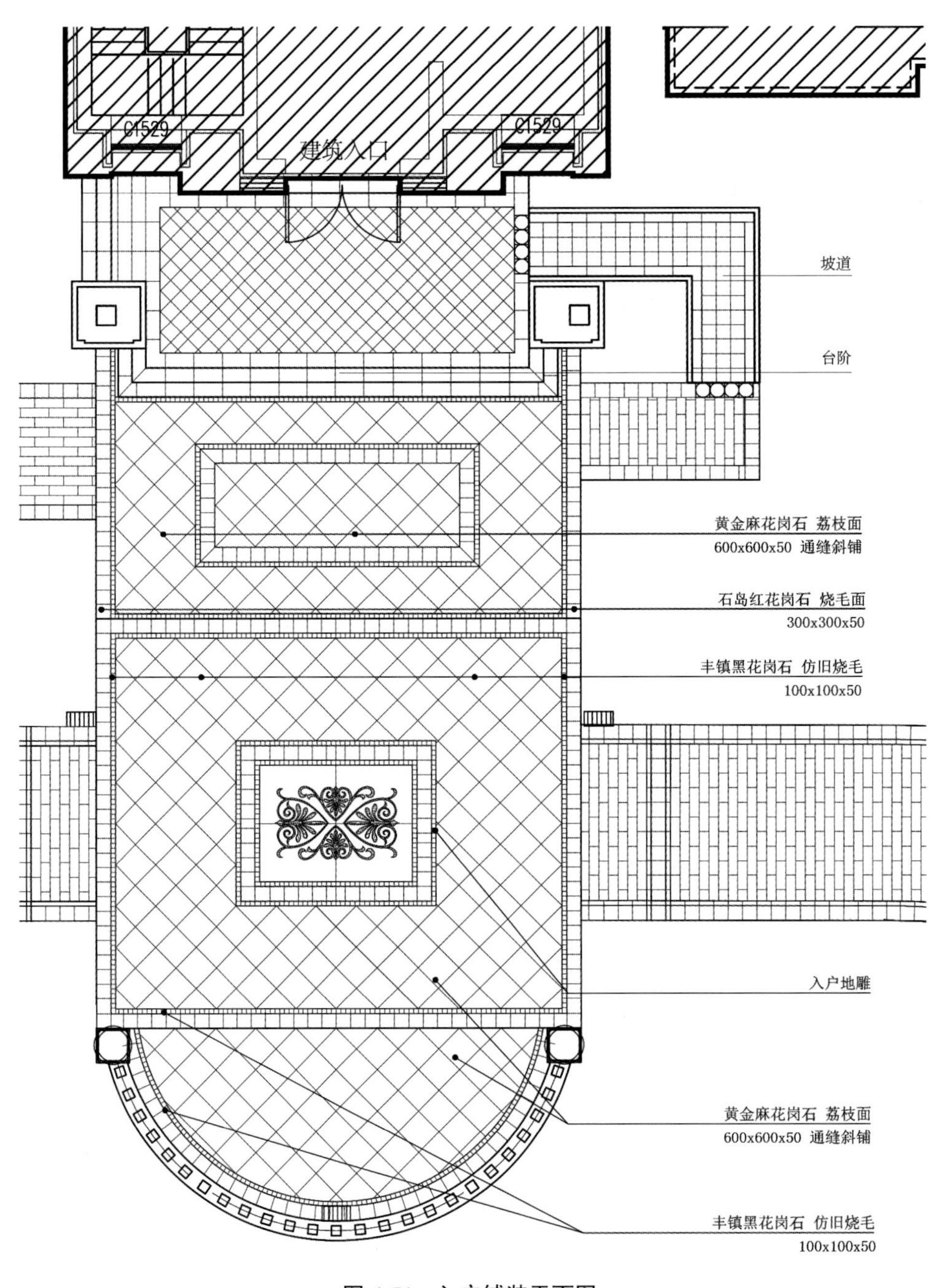

图 4-51 入户铺装平面图

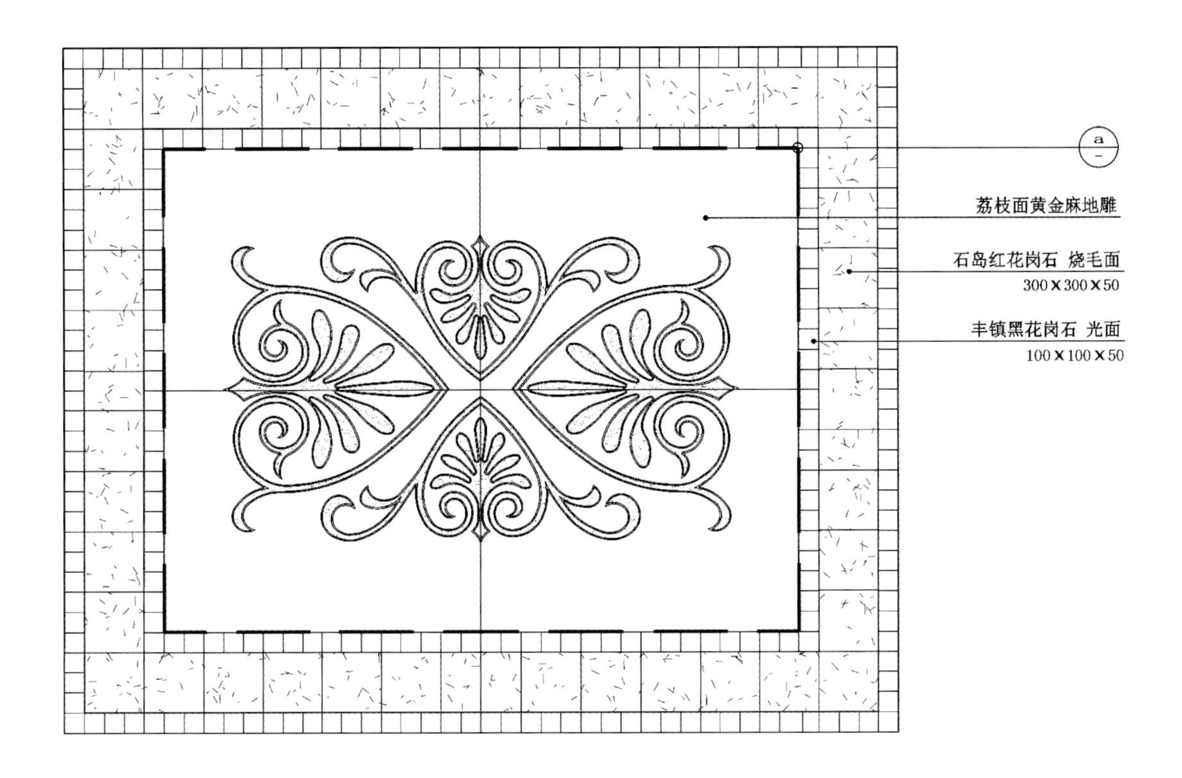

图 4-52　入户地雕详图

图 4-53　入户地雕放大详图

2. 铺装风格设计确定

遵循建筑与园林景观浑然一体的设计理念，我们在居住区内部场地铺装设计中大面积采用暖色石材，通过经典的斜纹通铺（图 4-54、图 4-55、图 4-56）（重点区域做倒角处理，丰富铺装肌理）搭配跳色波打线的设计，勾勒出不同区域丰富的铺装表情。道路区域的铺装设计以整体一致为设计原则，项目一期、三期采用米色烧结砖（设计成本低于石材，设计表情比石材更活泼）结合石材波打线的设计；二期设计方式一致，材料全部采用石材。

外围商业街的铺装设计，采用暖色系烧结砖、石材结合冷灰色波打线的设计，利用铺装材料肌理的不同、颜色的变化以及块材大小的区别打造出与商业街建筑一致的兼具古典气质和热闹灵动的商业氛围。

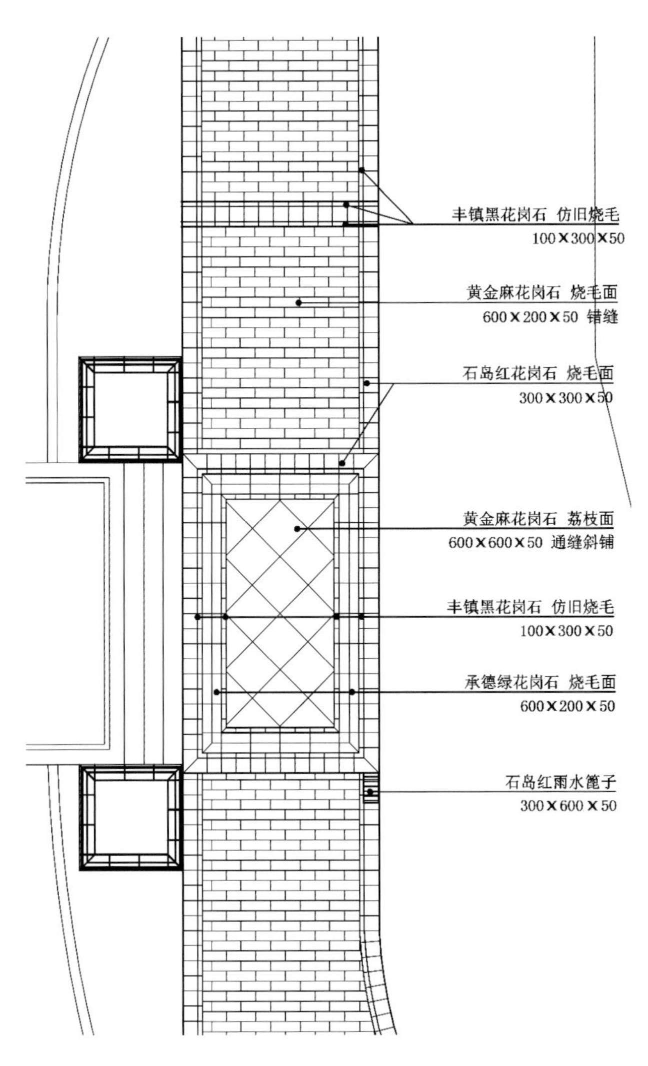

图 4-54　道路铺装平面图

图 4-55　暖色系的车行道铺装

图 4-56　曲线形小路

3. 施工图绘制图解

确定了铺装风格以后，需要根据方案绘制一张铺装材料做法表。表 4-2 帮助设计明确铺装用材种类、规格（大小及厚度）、颜色、面层处理方式、垫层做法等。

表 4-2　铺装材料做法表

编号及类别		材料名称	规格	图例	特征	剖面	位置	备注
P1		承德绿花岗石	600 × 200 × 30		烧毛面 烧毛面（弧形加工）	30厚花岗石 30厚1:3水泥砂浆 100厚C20混凝土 150厚3:7灰土 素土夯实 非承重做法	场地、道路	非承重
P2	A	黄金麻花岗石	600 × 600 × 30/50（承重）		荔枝面	50厚花岗石 30厚1:3水泥砂浆 150厚C20混凝土 200厚3:7灰土 素土夯实 承重做法	商业街、道路	承重
	B		300 × 300 × 50		烧毛面		场地、道路	
	C		600 × 300 × 50		荔枝面			
			600 × 300 × 50		烧毛面			
			600 × 600 × 30		荔枝面			非承重
			300 × 300 × 30		烧毛面			
			600 × 300 × 30		烧毛面（台阶压顶）			
			600 × 300 × 30		剖光面(异形花池压顶)			
					地雕	见详图		
P3	A	丰镇黑花岗石	100 × 100 × 50		剖光面	详见P2 承重做法		承重
	B		100 × 100 × 30			详见P1 非承重做法		非承重
P4	A	芝麻灰花岗石	600 × 600 × 50		烧毛面	详见P2 承重做法	商业街	承重
	B		600 × 300 × 50		烧毛面 烧毛面（台阶面层）			
	C		200 × 200 × 50		烧毛面			
	D		300 × 300 × 50		烧毛面 烧毛面（弧形加工）	详见P2 承重做法		
	F		300 × 300 × 30		烧毛面 烧毛面（弧形加工）	详见P1 非承重做法		
P5		芝麻白花岗石	600 × 100 × 50		烧毛面 弧形加工	详见P2 承重做法	场地、道路	承重

（续）

编号及类别		材料名称	规格	图例	特征	剖面	位置	备注
P6	A	石岛红花岗石	300×300×50		烧毛面	详见P1 承重做法	场地、道路	
	B		300×300×30		烧毛面（弧形加工）	详见P1 非承重做法		
	C	石岛红花岗石	600×200×50		烧毛面（弧形加工）	详见P1 承重做法	居住区园路	
P7		虎皮黄花花岗石	400×400×50		自然面	详见P1 承重做法	商业街	
P8	A	咖色烧结砖	200×400×50		条形边缘带	50厚烧结砖 30厚1∶3水泥砂浆 150厚C20混凝土 200厚3∶7灰土 素土夯实	商业街	
	B		100×200×50		条形边缘带			
P9	A	米色烧结砖	200×100×50			详见P8 承重做法	居住区园路	
						详见P8 承重做法	商业街	
	B		200×200×50					
P10		灰色烧结砖	300×300×50		条形边缘带	详见P8 承重做法	商业街	
P11	A	石岛红雨水篦子	300×600×50		烧毛面	见详图	雨水篦子	
	B				烧毛面（弧形加工）			
P12		芝麻灰雨水篦子	300×600×50		烧毛面	见详图	雨水篦子	承重
P13		芝麻灰花岗石排水沟盖板	200×600×50		烧毛面	详见厂家	排水沟盖饭	
P14		芝麻灰花岗石道牙	600×100×300		烧毛面	见详图	道牙	
P15		沥青路				50厚中细粒式沥青混凝土（高聚物改性沥青） 50厚粗粒式沥青混凝土（高聚物改性沥青） 乳化沥青透层 300厚二灰碎石 200厚3∶7灰土垫层 路基碾压，压实系数>0.93	道路	
P16		植草格（隐形消防路）	470×410×50			六边形聚丙烯加强型植草格470×410×50（内填种植土） 30厚1∶1黄土粗砂拍实 无纺布一层 200厚C20无砂大孔混凝土基层（水泥∶水∶粗骨料=1∶0.38∶5.3） 300厚天然级配砂石，分两步碾实 路基碾压，压实系数>0.93	道路	

本项目所用石材均为花岗石，因其质地坚硬、耐磨损、色泽美丽、取材便捷而广泛应用于室外园林景观设计中。要注意的是，由于各地所产花岗石在色泽等方面有差别，因此，在

材料表中最好明确规定设计所用花岗石的产地或市场上通用名称。同种石材不同的面层处理方式也会呈现不同的景观效果。由于室外环境的特殊性，石材面层处理不宜大面积采用剖光面的处理方式，若以小规格点式设计或波打线方式则可起到提亮整体铺装面的作用。此外，石材厚度的选择是由地面上是否有车的承重需求决定的，一般 50mm 厚的石材铺装面可以承载消防车、搬家用途的大型车；如园区中有非车行路，则可使用 30mm 厚石材，既满足承载要求，又节省了工程造价。

成品烧结砖的选择除了要规定颜色、规格外，还应在封样时考虑是否需要倒角，这些细节将直接影响铺装的最终效果。

4. 施工筹备

施工准备阶段，设计师要参与材料品种的封样。对于需要特殊加工的地雕或复杂的拼花纹样，可要求施工单位先做局部效果或加工小样（图 4-57、图 4-58），效果经业主及设计师认可后方可正式施工。

图 4-57　地雕小样

图 4-58　铺装石材封样板

石材的对缝规整与否是这个项目铺装成败的重要细节。在铺装设计图中要注明：每种铺装形式是通缝还是错缝铺砌；两种不同品种的石材之间是否要对缝；斜铺的石材与波打线交接处的石材之间要以斜边对齐。通常斜铺方式要在绘制铺装施工图时按实际块材尺寸排版对好，减少现场施工时的误差，也能减少不必要的材料损失。对于曲线形铺装边界或园路，由于每块石材的规格都不一致，要注意标注好曲线的半径，重要节点在必要时需逐一标注每块石材的规格以保证施工的准确性（图 4-59~ 图 4-62）。

图 4-59　烧结砖施工

图 4-60　斜铺石材对缝

图 4-61　多层次石材对缝

图 4-62　烧结砖预铺完成

（四）居住区内儿童活动区铺装案例分析——以某居住区儿童活动区铺装设计、施工过程为例

“玩”是儿童的天性，也是儿童获取知识、增强体魄的重要方法之一。如何给从小在人工环境中生长的城市儿童一个家门口的游戏乐园，设计师需要综合考虑场地设计、植物配置、器械设计等方面。

铺装设计是场地设计中重要的组成部分，因为它是整个儿童活动区的安全保障。由于儿童稚嫩的身体特征，所以场地的铺装材料需要有一定回弹度且摩擦力大，这样能保证儿童在其中跑跳、摔跤跌倒等不会造成严重的损伤。从色彩上来看，儿童心中的世界是明亮欢快的，所以他们喜欢的色彩一般饱和度和纯度较高，醒目的色彩更能激发儿童丰富的想象力和创造力。

早期儿童活动区铺装材料多选用拼插式的地垫（图 4-63），这种材料的优点是取材、安装方便，样式丰富，造价和后期维护成本低。但是缺点也是显而易见的，如拼接处易脱落造成安全事故，排水性能差、雨天造成场地积水，使用寿命短等（图 4-64）。

图 4-63　简易地垫式铺装

图 4-64　长久使用后脱色不平整

近年来，在场地材料的开发运用过程中，地胶这种材料逐渐被设计师所喜爱，在儿童活动区中广泛使用。地胶颗粒细腻、色彩丰富、造型能力强、施工工艺相对简单的优点使得它在众多材料中脱颖而出。以某居住区儿童活动区铺装为例，场地采用曲线形，紫色与橙色的撞色设计，温暖的色调与建筑、园林景观构筑物色调一致，但又不失生动活泼。从色彩心理学理论来看，橙色能影响到儿童的自主神经系统，刺激食欲，并能使儿童个性较外向活泼，喜爱说话而且人缘很好，它能增加儿童的活力，使他们有激情，还能增强儿童机体内的代谢和免疫力等。紫色具有高度的创造性，是象征着贵族的色彩，所以紫色能让儿童具有艺术家气质（图 4-65~ 图 4-67）。项目建成后，深受业主好评，儿童活动区也成为整个园区的园林景观亮点。需要注意的是，由于地胶是整体性材料，该区域的场地排水要结合竖向自然找坡、雨水口收集的办法处理好，否则造成积水浸泡会大大缩短地胶的使用寿命。

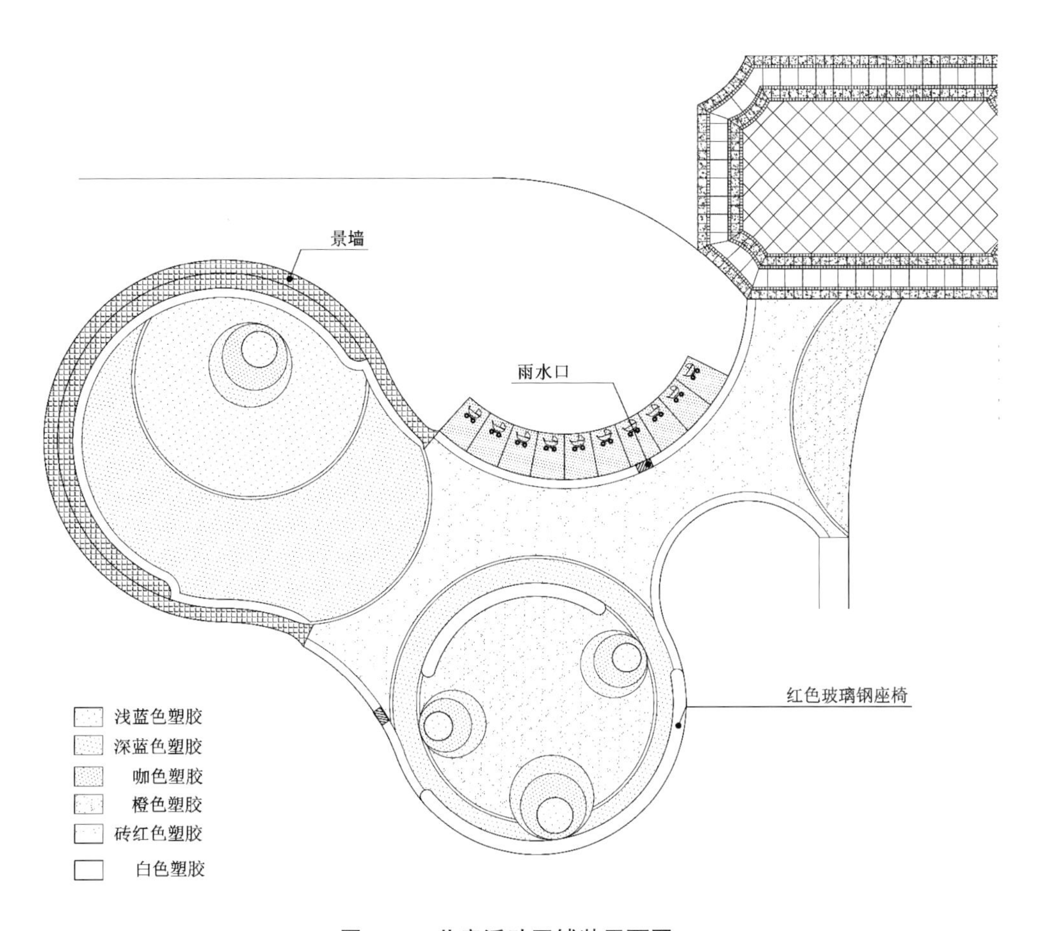

图 4-65 儿童活动区铺装平面图

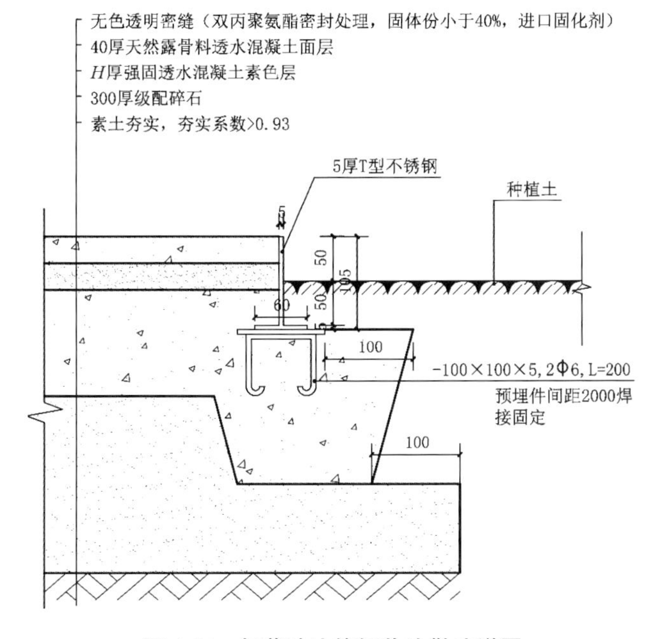

图 4-66 与草地边缘钢收边做法详图

图 4-67　艳丽的儿童活动区铺装和以色彩划分场地的活动区

如今，随着施工工艺的精进，地胶结合地形塑造在儿童活动区的设计中频频出现。图 4-68 中的儿童活动区，场地上散落着大大小小的红色山丘，舒适的角度适合孩子们徒手攀爬，或者玩累了席地而坐，背靠其上，躲避刺眼的阳光。微地形的设计也满足了孩子喜爱攀爬、登高望远的好奇心。

图 4-68　地胶结合地形的儿童活动区

（五）铺装施工流程图解

1. 放线实战

设计中会遇到直线型和不规则形道路场地，首先需要把图纸设计在地面上定位勾勒。直线型设计好理解，在地面上找出相应的角点坐标，使用经纬仪根据标注的相对尺寸进行逐一定点，相互连接即可。曲线道路或场地的放线，就是在地面上找出关键的坐标之后，需要把曲线的控制点逐一顺滑地连在一起。用白灰洒出不规则线型的路径，调整不顺滑的连接，直至目测效果最佳。白灰洒线是一般做法，简单适度的弧度或者不规则形处理也可以使用 PVC 管弯曲放线，PVC 管越长，弧线的效果越佳（图 4-69）。

图 4-69　施工放线曲线形道路

2. 基层实战

在地面上标明施工范围和轨迹之后要开始基层施工了。基层施工包括的施工流程有：挖基槽——基土施工——灰土施工——支边模——混凝土垫层——冲洗养护——结合层——面层铺装——养护面层。每一步面对不同承载力的、不同基层要求的道路或场地略有不同。

（1）平整（开挖），分层夯实（图 4-70~ 图 4-72）。场地勘查并明确高程之后，通过填方或是挖方达到铺装基层的高程要求。开挖土地或平整土地根据设计的高程进行填挖方。填方先深后浅，深处分层夯实。夯实后，按照设计高程平整土地，基本达到设计的坡度。进行撒白线定位。

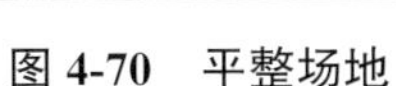
图 4-70　平整场地

图 4-71　放线完成

图 4-72　地面放线后的平整土地

（2）基层土壤需要分层夯实（图 4-73、图 4-74）。清除腐殖土以及日后造成下陷的隐患。挖方达到设计高程时，用打夯机进行素土夯实，同时可以环刀取样进行密度测定。我们施工图中的夯实系数就是在这里体现的。

图 4-73　素土夯实

图 4-74　压路机夯实，平整场地

（3）支模（图 4-75）。常用模板有砖模、钢模、木模，不同的结构对应不同的模板。道路及铺装边缘常用木模板。

图 4-75　支模

（4）基层灰土夯实（图 4-76）。三七灰土的夯实厚度多为 150mm 厚，就是我们常说的每步虚铺 200mm，夯实厚度为 150mm。

图 4-76　基层灰土夯实

（5）混凝土垫层施工，冲洗养护。基础垫层一般为 100~200mm 厚，需要及时入模振捣（图 4-77）。

图 4-77　混凝土垫层（一）

小型的场地可用人工浇筑（图 4-78）。

图 4-78　混凝土垫层（二）

分仓灌筑混凝土之后、地面长期不进行下一步操作时的地膜保护（图 4-79）。

超过 24 小时混凝土凝结时间之后的施工地面，混凝土已经完全凝结无裂缝，可以进行下一步的施工了（图 4-80）。

图 4-79　地膜保护

图 4-80　超过 24 小时混凝土凝结时间之后的施工地面

（6）50mm 厚中砂铺设烧结砖，面层中砂扫缝（图 4-81）。

图 4-81　50mm 厚中砂铺设烧结砖，面层中砂扫缝

第五章

园林景观水景设计

第一节　水景的分类

水景，顾名思义就是指因水得景、因水成景。在漫长的造园艺术历史上，人们有意识地依水建园以及引水入园，水在园林中的应用越来越广泛，形式也越来越灵活多样。水景在发挥其园林景观功能的同时慢慢地被赋予许多象征意义，水景本身也从视觉层面上升到美学、精神的层面上。可以说是水使人类的造园艺术拓展到了一个极为广阔的空间，没有水的园子就如没有水的大地一样没有生命，缺乏灵气。

（一）水景的观感形式

按照水景的观感形式可以分为天然水景和人工水景。

园林中几乎没有纯粹的天然水景。颐和园中昆明湖前身名叫瓮山泊，原是一处自然水资源形成的园林景观。清乾隆皇帝决定在瓮山一带兴建清漪园时将湖开拓，逐渐成为现在的规模。昆明湖不但景色优美，更重要的是经过多年的工程建设，完全成为一座灌、蓄、排设施完备的大型水利枢纽工程。昆明湖虽然经过大量人工改造，却依然呈现出自然的样貌（图5-1、图5-2）。

图 5-1　昆明湖

图 5-2　谐趣园

在西方，凡尔赛宫也是以水景作为整个花园的灵魂。严格对称的轴线中央使超尺度的十字运河，喷泉、引水道、跌水、泳池贯穿花园之中，很好地体现了水景的人工之美（图 5-3）。

图 5-3　轴线上的十字运河及阿波罗喷泉

（二）水景的动静形式

水景按照动静基本形式可以分为静水、流淌、落水、跌水和喷涌，相互组合或是独立成景，就形成了多样的水体形式（表 5-1）。

表 5-1　水景的动静形式

形式
静水
流淌
落水
跌水、叠水

（续）

喷涌	  

1. 静水

静水的水体包括湖泊、水池、水塘等。园林景观中的湖泊是一种对天然水景的模仿，一般面积较大，平面形式自由，驳岸以草坡入水结合置石为主，形成缓坡入水的效果。池底也形成缓坡，水深由驳岸至水体中央渐深。防水材料一般以软性材料为好，例如黏土、膨润土防水毯等，这种类型的防水材料具有易塑形、造价低、易施工等优点，缺点是防水材料搭接不实，或易破裂，效果一般。在防水材料之上覆 50cm 左右的种植土，即可种植水生植物。

静水水池是近年来在园林景观中运用较为广泛的一种水景类型，可以形成园林景观焦点，成为主景。静水水池可以形成很好的镜面，对周围的环境进行反射，包括建筑、标识等需要被烘托的物体。选用的饰面材料以深色居多，深色可以更好地体现反射效果，黑色光面石材或者深灰色石材最为常见。池体结构以钢筋混凝土为主，防水材料选用 SBS 防水卷材或混凝土自防水。万能支撑器结构常被运用到静水水池中，它是一种架空石材的做法，水通过架空石材之间的缝隙 5mm 左右均匀地布满水池，相较于设置几个出水口的做法而言，可以保证水面平整及均匀流淌，同时下部的架空空间方便走线和布置灯具，也避免了石材贴面水池的反碱问题。水面面积越大，这种结构的优势就越明显。静水水池还可以结合喷泉、涌泉等营造出不同的水景氛围（图 5-4）。

图 5-4　静水案例

2. 流淌

流淌的水体包括溪流、水坡、水道、溪涧等。流淌的水体不仅可观，还能发出悦耳的声响。溪流需要借助地形高差来形成流淌的效果，由于流淌的水对驳岸的持续冲刷，溪流的驳岸一般以镶嵌卵石或铺贴石材为主，事实上，自然界的溪流也是穿梭在卵石之间的。想让溪流看起来更加自然，对驳岸和池底的处理非常关键，这两者通常合为一体处理，若想要卵石驳岸的效果，可以先用较大粒径的卵石进行满铺镶嵌，然后用小粒径的卵石修饰大粒径卵石之间的缝隙，遮盖漏浆的部分，卵石之间也可以种植一些水生植物，软化驳岸的生硬感，显得更加自然。当然，卵石或者石材也可以通过规则式的铺贴体现一种人工的自然美，如盖蒂中心花园中一段溪流就是通过细小的卵石和页岩的规则式铺贴，强化了流水的方向，并通过精准的角度、坡度的变化表达出了不同的水的表情，成为经典。溪流的池体结构和防水用刚性和柔性的均可。在溪流流动的过程中如果加入几道水堰，局部形成跌水面，即可形成溪涧的效果。水堰部分会局部形成小的水面，所以此处的竖向设计应注意坡度的变化。水堰的材料可以是几块石头、混凝土石材贴面等（图 5-5）。

图 5-5　流淌案例

3. 落水

落水的水体包括水幕、水帘、水墙。水在空中自由下落会产生许多意想不到的效果，通过控制水下落的路径可以塑造出千变万化的水的形态和令人愉悦的水声。水幕目前被运用在许多商业项目中，特别是室内。由于室内环境相对稳定，没有风的影响，可以保证水在下落的过程中不会飘散，形成均匀的水的幕布。幕布上可以通过灯光的变化表现一些图形影像，吸引人们的目光。水帘是在水的路径上进行引导，应用钢丝或者尼龙丝，利用水的张力作用使下落的水可以沿着钢丝或尼龙丝均匀下落而不会飘散，形成水帘的效果，夜晚可以结合灯光来加强效果。水墙是在景墙或水池上形成一个吐水槽，水的轨迹在空中是一段抛物线。吐水槽的形状决定了落水的效果。吐水槽越长，形成均匀而完整的落水面就越困难，吐水槽稍有不平整就会造成落水面的不均匀、不连续。所以在设计较长的落水面时可以在吐水槽上刻槽，使水分股下落，实现度较高（图 5-6）。

图 5-6　落水案例

4. 跌水、叠水

跌水的水体包括瀑布、水阶梯 。跌水是水通过一定的载体跌落的一种方式，在跌落的过程中与载体撞击时，不同的水量可以形成跳跃或者贴合的效果。瀑布是通过大量的水在石头等载体上的撞击而形成的一种模仿自然的壮丽景象，吐水口通常设置在最上方，通过一些手法将吐水口遮蔽以达到自然的效果。同时为了防止飞溅，下水池要根据水量来设计大小，形成整套循环体系。水阶梯是流水与载体相结合的一种形式，载体的形状、倾斜度、表面的光滑或粗糙程度不同，会形成平静、滚动、跳跃等不一样的水的效果。水阶梯可以是带有锯齿的斜面，使水在流淌的过程中形成波纹的效果，倾斜角度不宜过大，避免导致水的飞溅（图5-7）。

图 5-7 跌水案例

5. 喷涌

喷涌的水体包括喷泉、涌泉等。旱喷特指与广场融为一体的喷泉组合，不设计单独的水池，在设备关停的时候可以作为广场正常使用。通常采用万能支撑结构，与同种类型的静水池相比差别在于水面高度控制在地面以下，在视线范围内不形成水面的视觉效果。旱喷不仅可以配合音乐、灯光、喷头营造出千变万化的效果，更重要的是加强了水与人特别是与孩子们之间的互动，广受人们喜爱。除了旱喷之外，一般的喷泉是在水池中设计各种喷头以及设备系统，来达到设计想要的效果，明水池或是暗水池均可，规模形式千变万化。喷泉与雕塑的结合更是常用的设计手法，特别是在一些古典风格的园林景观中，通过巧妙的出水口的设计，可以塑造出各式各样的水法（图 5-8）。看不到喷头的喷涌，需将喷头埋入水面以下 8~15mm，从而出现白水花涌泉的效果。

图 5-8　喷涌案例

第二节　水景的驳岸设计

在园林设计中，除了通过平面形态来表现水景所呈现的人工或者自然的感受，还需要通过驳岸和池底的做法共同表达。

（一）水景驳岸分类

驳岸的类型可以分为垂直驳岸、台阶驳岸、倾斜驳岸，池底类型可以分为硬池底、软池底。观感最为人工的是垂直驳岸和硬池底的组合，最为自然的是倾斜驳岸和软池底的组合。当然，垂直驳岸也可以通过压顶和叠石的修饰来表现自然的形态，硬池底也可以通过卵石的覆盖或水生植物种植池的加入显得不再冰冷。不同的驳岸和池底组合出千变万化的水景效果，只要选择好合适的搭配组合，就能表现出水景的特色，尽量避免不伦不类。

（二）水景驳岸的图示图纸

图 5-9 分别展示的是垂直驳岸、台阶驳岸、石砌饰面直立驳岸、人工硬池底自然驳岸、人工软池底自然直立驳岸、人工软池底自然斜驳岸、木饰驳岸、溪流驳岸、人工沼泽驳岸的一般做法。

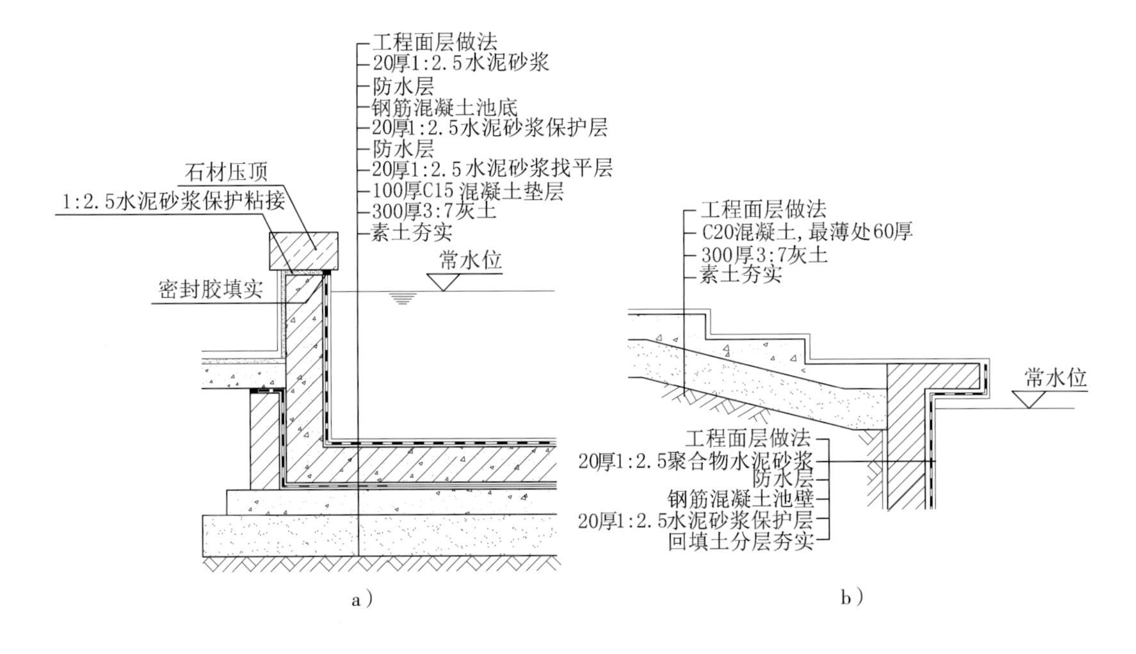

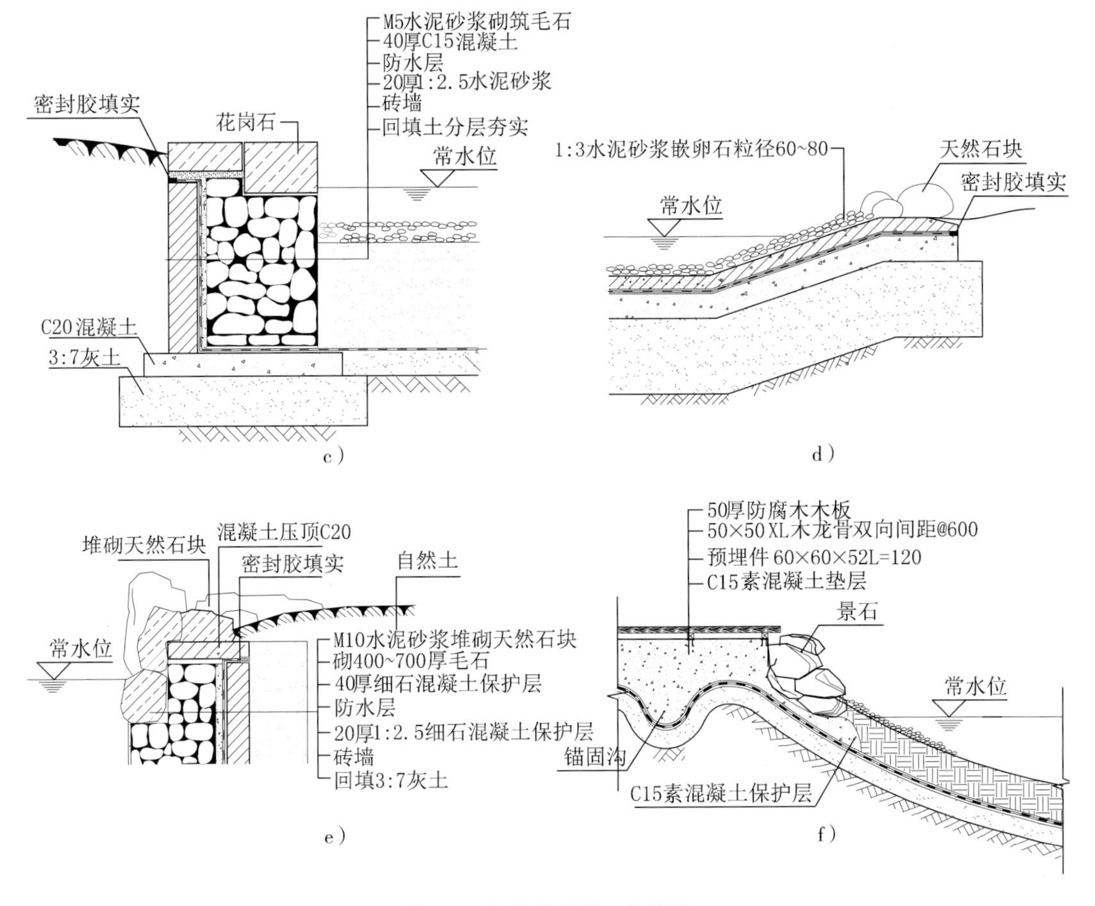

图 5-9　各类驳岸的一般做法

a）垂直驳岸　b）台阶驳岸　c）石砌饰面直立驳岸　d）人工硬池底自然驳岸　e）人工软池底自然直立驳岸
f）人工软池底自然斜驳岸

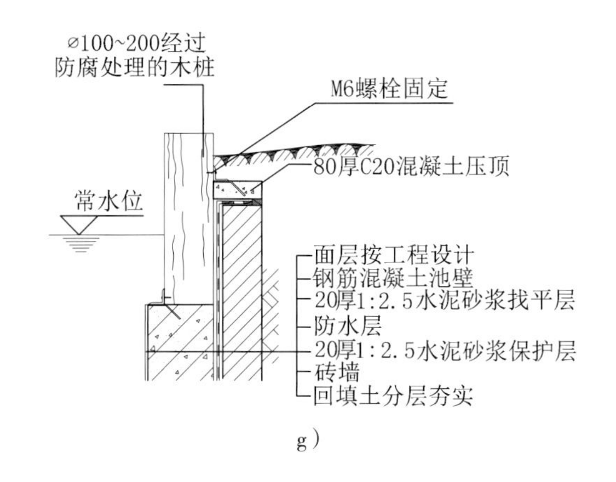

g）

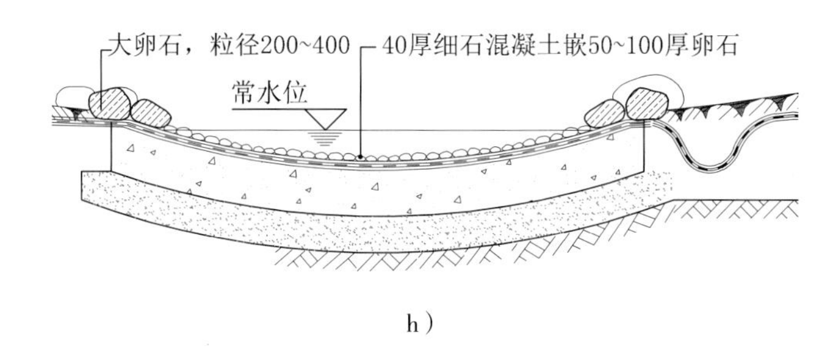

h）

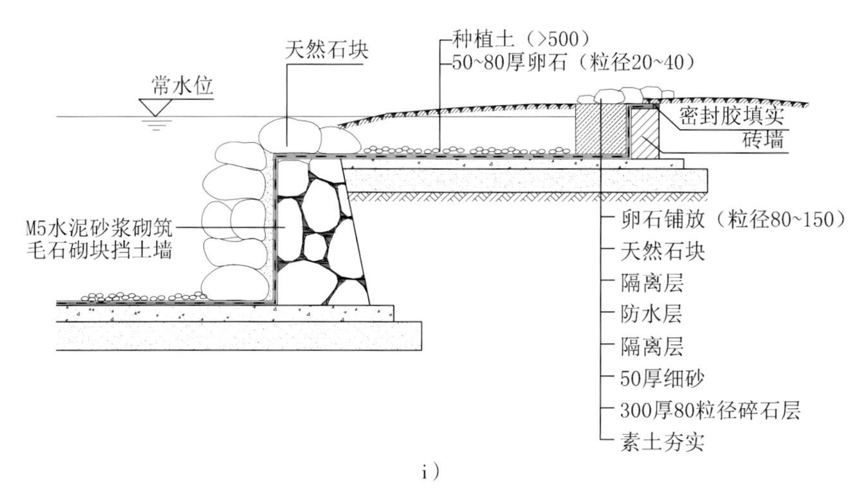

i）

图 5-9　各类驳岸的一般做法（续）

g）木饰驳岸　h）溪流驳岸　i）人工沼泽驳岸

第三节　水景的防水设计

（一）防水材料的类型

防水材料的类型见表 5-2。

表 5-2　防水材料的类型

防水类型			防水材料名称	背水面	迎水面	基层要求	耐根穿刺防水层	规格	耐温性	备注	图片
卷材类	F1	普通类	弹性改性沥青防水卷材（SBS）	√	△	混凝土随打随抹光	4.0mm 厚，铜胎，内掺阻根剂。耐根穿刺的防水材料详见《种植屋面建筑构造》（14J206）	厚 3mm、4mm、5mm，宽 1m 卷材面积 7.5 m²、10 m²、15m²	-25~105℃	如果水池中有种植，则需要选择具有耐根穿刺的防水材料，其他一般情况，可选普通材料 施工方式：热熔 F2 较适合南方地区	 
	F2		塑性体改性沥青防水卷材（APP）	√	△	混凝土随打随抹光	—	厚 3mm、4 mm、5 mm，宽 1m 卷材面积 7.5m²、10m²、15m²	-15~130℃		
	F3		自粘聚合物改性沥青防水卷材	√	△	混凝土随打随抹光	—	厚 3mm、4mm，宽 1m	-20~70℃	自粘	
	F4		高分子膜基湿铺防水卷材	—	√	混凝土随打随抹光	—	厚 1.5mm，宽 1m	-20~70℃	湿铺法施工，用于刚性景观水池，阴角处理为圆角	
	F5	合成高分子类	高分子自粘胶膜防水卷材	√	△	混凝土随打随抹光	—	1.2mm、1.5mm、2.0mm 厚	-25~70℃	硬化度第二位，多拐折不适宜	
	F6		聚氯乙烯（PVC）防水卷材	—	√	混凝土随打随抹光	>1.2mm 厚	厚 1.2mm、1.5mm、1.8mm、2.0mm，宽 1m、2m，长 15m、20m、25m 卷材	-25~70℃	外露使用，无须保护层，注意施工破损。可采用热风焊接，粘结法、空铺法、机械固定法铺设	
	F7		三元乙丙卷材（EPDM）	△	√	混凝土随打随抹光 平整碾压或夯实土	—	厚 1.0mm、1.2mm、1.5mm、2.0mm，宽 1.0m、1.1m、1.2m 卷材，长 20m	-40~110℃	粘接，搭接胶不耐久，基层湿度要求有所控制	
	F8	土工合成材料	聚乙烯膜土工膜（HDPE）	—	√	平整碾压或夯实土	>1.2mm 厚	0.5~3mm 厚，宽幅 4~6m	-20~70℃	硬化度较大，可用于人工湖，埋入法铺设，热焊搭接	
	F9		非织造布复合土工膜（TPO）	△	√	混凝土随打随抹光 平整碾压或夯实土	—	0.5~1.2mm 厚，宽 2.0m，长 100m、50m	-20~110℃	热熔焊接、丁基胶带冷粘，可在夯实土壤、混凝土、木板、塑料板、金属板等基层上施工	

（续）

防水类型			防水材料名称	背水面	迎水面	基层要求	耐根穿刺防水层	规格	耐温性	备注	图片
涂料类	F10	有机类	聚氨酯防水涂料（单组分）	—	√	混凝土随打随抹光 平整碾压或夯实土	—	≥ 1.5mm 厚	-35~80℃	非密封环境中使用	
	F11		丁苯胶乳防水涂料	—	√	混凝土随打随抹光	—	0.7~1.0mm 厚	-38~138℃	要求基面平整，干净，无起沙，在干燥的各种基面上直接施工	
	F12	无机类	水泥基渗透结晶型防水涂料	√	√	混凝土或水泥砂浆基面	—	≥ 1.0mm 厚，用量不应小于 1.5kg/m^2	-50~200℃	基面清理直到毛、潮、净后，采用喷、刷、刮的操作方法施工两遍	
	F13		聚合物水泥防水涂料（丙烯酸类）	△	√	混凝土、水泥砂浆、金属、玻璃、石材等基石	—	≥ 1.2mm 厚，耐水性≥ 80%	-40℃	基石干燥，不应有气孔、凹凸不平、蜂窝麻石等缺陷。涂料施工前，基层阴阳角应做成圆弧形	
自防类	F14	防水钢筋混凝土	水泥基渗透结晶型添加剂	√	√	混凝土	—	为混凝土中水泥用量的 0.8%~1.5%（重量计）	-50~201℃	在商混站或现场添加	
			膨胀剂、减水剂、化学纤维	—	√	—	—	—	—		
毯类	F15	防水毯	天然钠基膨润土防水毯	√	△	夯实平整，无坑洼积水，无石子、树根等尖锐物	对竹类以外植物抗根穿性表现较好	单位面积质量：4kg/m^2、4.5 kg/m^2、5kg/m^2、5.5kg/m^2，宽 4.5m、5.5m、5.85m	—	压覆 300~500mm 土层，逐层夯实，密实度≥ 85%。或铺设 150mm 厚素混凝土	
土	F16	黏土防水	—	—	√	—	—	≥ 500mm 厚	—	达到一定保水率，逐层夯实，密实度≥ 85%	

注：“√”表示优先推荐使用位置，“△”表示可应用使用位置。

表中“基层要求”为所述防水材料在园林景观水景工程中最适合的防水基层要求，不代表该防水材料仅能用于此基层要求。水池中如需使用以上防水材料的耐根穿刺性时，需产品方提供国家相关认可检测机构的耐根穿刺报告。

合成高分子类防水卷材执行标准《高分子防水材料 第1部分：片材》（GB/T 18173.1—2012）。高分子膜基湿铺防水卷材执行标准《预铺 / 湿铺防水卷材》（GB/T 23457—2009）。土工合成材料执行标准《土工合成材料 非织造布复合土工膜》（GB/T 17642—2008），《土工合成材料　聚乙烯土工膜》（GB/T 17643—2011）。防水材料阴阳角处理、搭接宽度等均执行标准《地下工程防水技术规范》（GB 50108—2008）。聚氨酯防水涂料（单组分）材料执行标准《聚合物乳液建筑防水涂料》（JC/T 864—2008）。隔离层及复合土工合成材料均执行标准《土工合成材料　非织造布复合土工膜》（GB/T 17642—2008）。水泥基渗透结晶型防水材料执行标准《水泥基渗透结晶型防水材料》（GB 18445—2012）。水池中如需使用以上防水材料用于生活饮用水池时，需产品方提供符合《生活饮用水卫生标准》（GB 5749—2006）的相关证明。聚合物水泥防水涂料应符合国家标准《聚合物水泥防水涂料》（GB/T 23445—2009）。

（二）防水材料设置位置的选择

防水材料的位置主要分为迎水面和背水面。以园林景观水池中蓄积水为对象，在主体结构一侧蓄水方向为迎水面，在主体结构另一侧与蓄水反向为背水面。综合考虑水景的施工效果及防水材料特点，当水池内池壁为石材或瓷砖饰面，且选用防水卷材时，建议防水卷材设在背水面；否则应做好基层处理，以确保石材或瓷砖饰面粘贴牢固（图 5-10）。

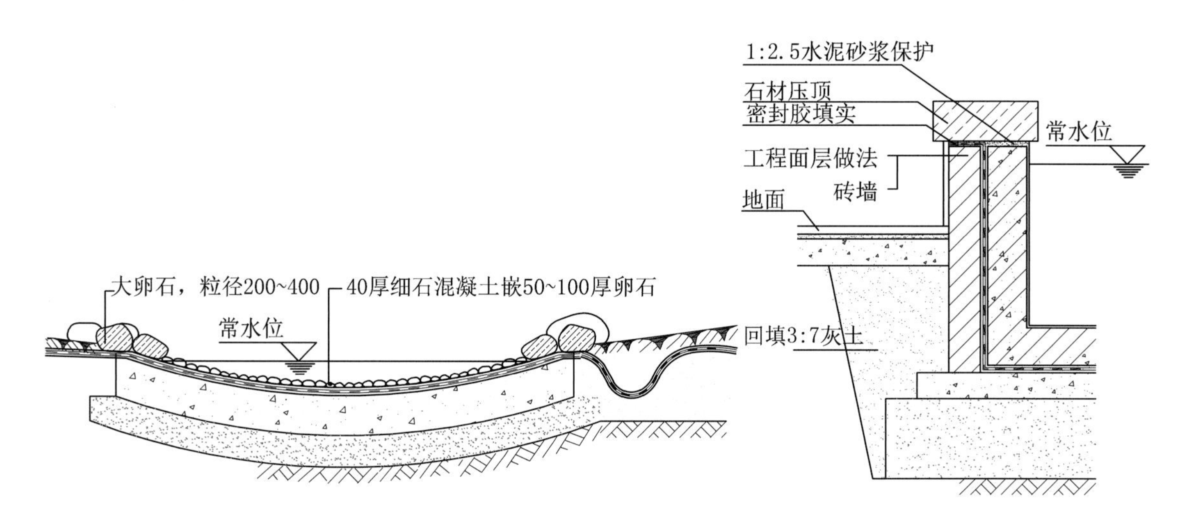

图 5-10　迎水面防水和背水面防水

第四节　水景设计及施工图深化流程

（一）水景设计的构思及风格定位

水景设计往往是园林景观设计中的重要环节，水景形式的选择离不开方案设计的初衷，需要与环境相匹配，能够表达意境的定位。

水景可以以“点”或“面”的形式出现，作为核心园林景观形成主景。例如美国 911 国家纪念公园项目中，在双子塔原有的位置上设立了庞大的瀑布，使人们强烈感受到双塔原来的存在，将人们的身心吸引。双塔原址做了向下跌落的约 9.2m 的大瀑布，设计师沿建筑遗址四边轮廓布置了一圈并列的锥形跌落引水渠，使从这里跌落的水流效果更为美丽。参观者在瀑布雷鸣般的声音中沿着青铜栏杆看受害者的姓名。往后退就是让人身心舒缓的树林。水景在此是园林景观的核心和设计意图表达的所在（图 5-11）。

图 5-11　911 国家纪念公园彩色平面图及实景图

水景还可以以“线”的形式出现，作为水系联结各个园林景观节点并暗示空间关系。例如美国盐湖城“城市溪流中心”商业园林景观项目，从河道得到灵感，运用河道给行人以个性导向的绿色水景空间。购物中心有一条长一公里的人造溪流，沿着步行为主导的绿色空间蜿蜒成“S”形，让人回想起 1847 年盐湖城成立的历史。“城市溪流中心”以溪流为中脊，将零售店办公楼和住宅楼连接起来，并有着易于寻找的路径和娱乐设施。溪流的存在活跃了空间，成为人们乐于行走的散步路线，风格是自然的（图 5-12）。

图 5-12 “城市溪流中心”彩色平面图及实景图

（二）水景设计建址的条件

园林景观中有着千姿百态的水景，水的风韵、气势、发出的声音，都给人以美的享受，引起人无穷无尽的遐想。如何利用地势、土建结构、设备系统将千变万化的水景类型在现有的基地条件下进行筛选组合、合理实现，是设计的难点。一个好的水景设计，必然是在优秀的艺术效果设计的基础上，各专业系统完美结合的产物。

水景设计必须要有水源条件，特别是设计需水量较大的水景时，水源若为自来水会产生较大的浪费，以周边有自然水体水源为佳。在干旱地区水资源十分珍贵，不宜做水景。寒冷地区冬季水体冻胀会对水池结构造成破坏，冬季应当做放空处理，所以需要同时设计考虑冬季无水情况下的园林景观效果。

在垂直方向上，水景设计需要考虑下部基础条件。若下部基础为实土区，且无排水隐患，对水体的防水等级要求较低，可以选用一些软性防水材料，如膨润土防水毯或黏土。若土质为湿陷性黄土则慎用软性防水材料，避免土壤被水浸湿后结构发生破坏。若下部基础为建筑顶板区，除选用刚性防水材料外，还应考虑垂直空间的竖向对水深的限制，在做竖向设计时需要将水池的结构厚度考虑在内，特别是绵长水系的竖向设计，需要考虑水池底部连续找坡带来的较大的竖向变化，对水系进行合理拆分以保证可行性和园林景观效果。若下部基础一半在实土区一半在建筑顶板区，则应注意可能发生的基础不均匀沉降导致的水池结构断裂并合理避免。

在水平方向上，水景设计需考虑四周的设计条件。合理设计溢水的高度和形式以将水面高度控制在一个合适的范围内，避免对周边的建筑道路绿地产生威胁。在雨雪天气里，是否可以将路面广场草地中的径流雨水汇入水景之内造成水体的污染，是需要设计考量的。

（三）水景细节设计

1. 水池的构造类型

水池的构造类型可以分为刚性和柔性两种。刚性水池结构包括钢筋混凝土现浇、砖砌筑、块石砌筑、不锈钢或以上几种形式相结合。这种结构因其在耐久性和防渗性上的优势，在园林水池中被广泛应用。柔性水池结构包括黏土、素土夯实结合膨润土防水毯。这种结构在经济和生态层面上具有一定的优势。

2. 水池的饰面材料选择

水池的饰面处理通常有水泥砂浆抹光、砾石或卵石散置或粘贴、釉面砖粘贴、石材粘贴等，自然式水景还通常配以景观置石。

在水景施工图设计过程中，需要对不同的设计意图和设计条件进行判断，再选择合适的构造类型和饰面材料。

（四）水景设计施工图表达

一套完整的水池施工图应当包括水景平面图、结构平面图、设备系统平面图和若干详图。

1. 平立剖的表达

外观平面图和外观立面图是对水景外观的详细表达。表达的内容主要包括尺寸、放线定位、竖向、外饰面的材料、尺寸、铺贴方式及其他外观细节如流水、喷泉、灯光等的效果。读图者通过外观平面图和外观立面图可以了解整个水景建成后的外观效果。

结构平面图与剖面图是水景结构的表达。结构平面图表达的内容主要包括结构尺寸、结构放线定位、竖向、泵坑的尺寸位置等，这些内容都是水景建成后不能直接观察到的，是外饰面施工的基础。剖面图是对水景施工从基础到结构再到外饰面的一系列表达，内容包括了各个工序的施工顺序和做法。

外观平面图、外观立面图、结构平面图和剖面图最终要在尺寸上一一对应。一般的制图顺序是首先绘制外观平面图和外观立面图，确定好外观效果后绘制相应的结构平面图和剖面图。在绘制结构平面图和剖面图时，需要认真核对场地条件对结构做法进行相应的调整，在条件不满足的情况下可能会对外观进行反复修正。例如，当基础下部建筑顶板高度或既有管线埋深与水景发生冲突时，可能会导致池底或泵坑在尺寸和竖向上的调整。当水池与建筑距离过近时需要考虑池壁与建筑外墙之间的关系，可能会影响水景的平面尺寸。这些施工时需要注意的细节都需要通过节点放大的形式予以表达，一些外观上的细节也同样如此（图5-13）。剖面绘制包括一般节点及关键节点，且从比例上层层放大，表达细部。

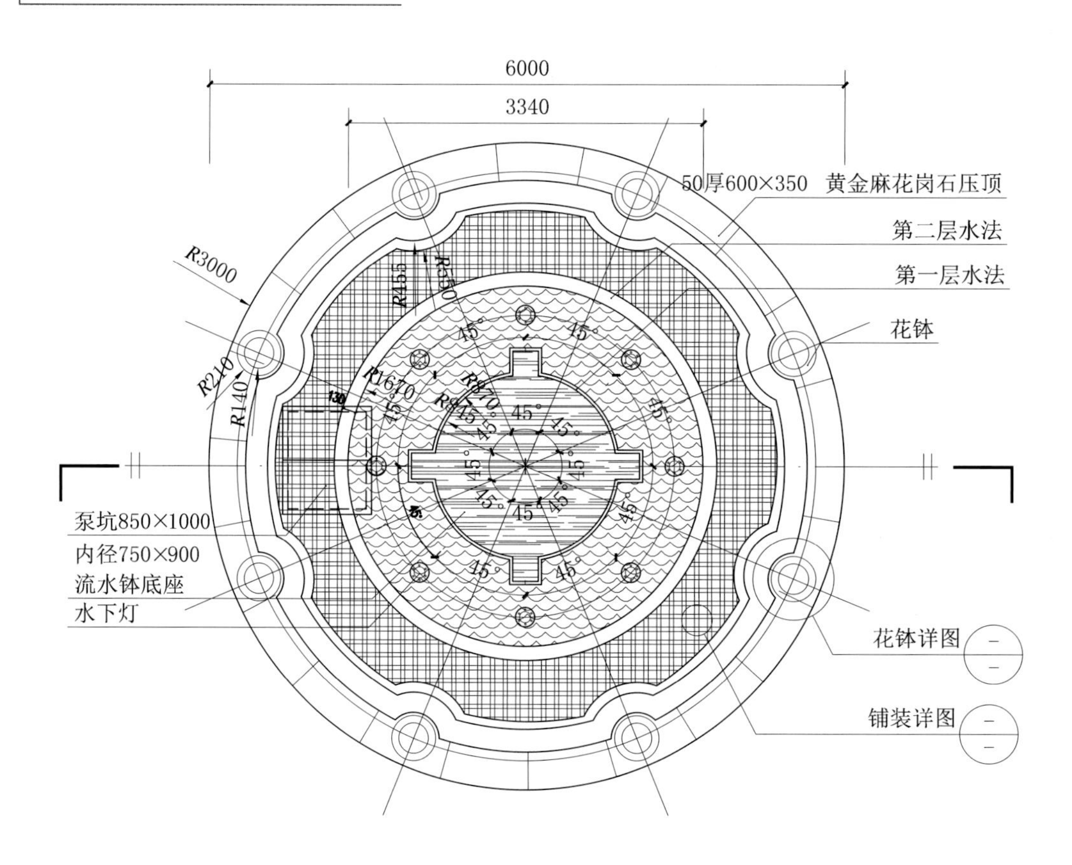

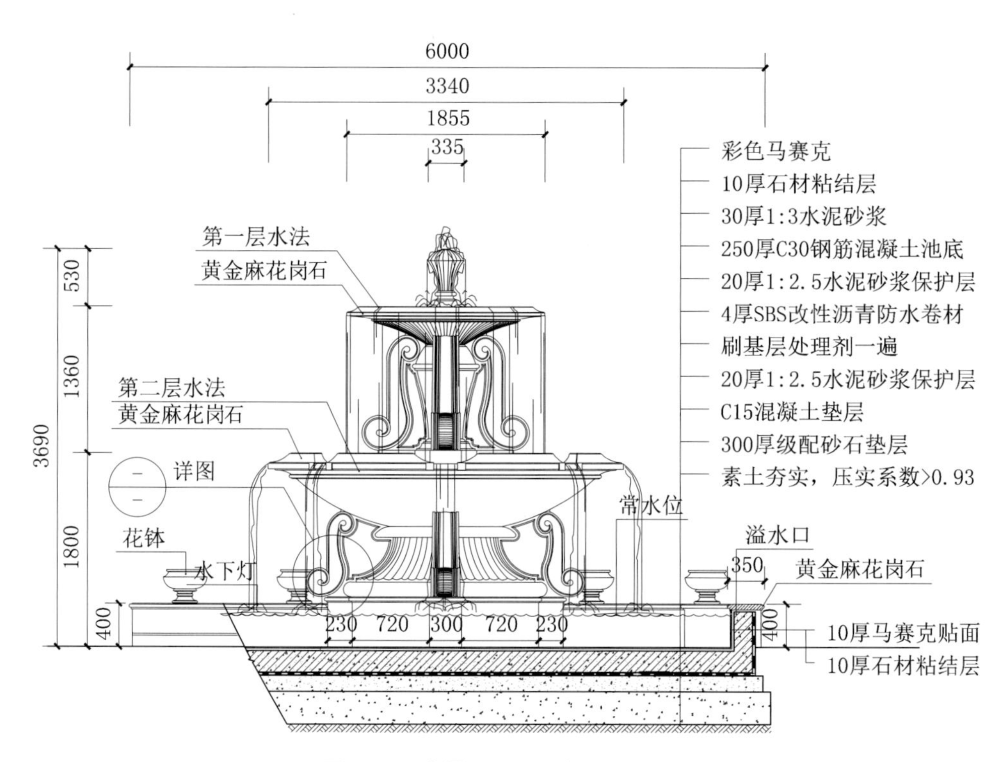

图 5-13 水景平、立、剖面图

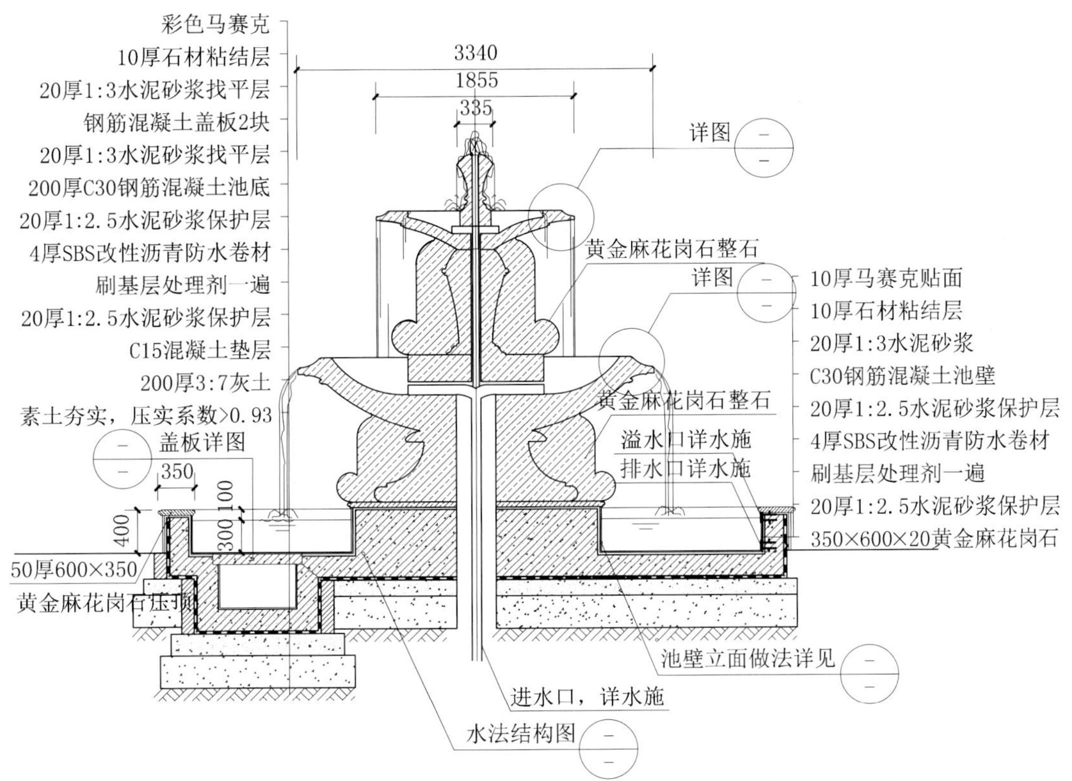

说明：材料——混凝土C30，抗渗等级P6；垫层——C20；钢筋——Φ-HPB300，Φ-HRB400。水池壁厚200mm、250mm，池底厚200mm，配筋Φ12@150，双层双向。保护层等应严格遵守各相关规范要求。

图 5-13　水景平、立、剖面图（续）

2. 水景的其他配合专业

为了实现水景的形态设计构思，需要综合考虑管道阀门系统（包括给水管道、补水管道、溢流管道、泄水管道）、动力水泵系统、灯光照明系统，对水质观感要求较高时还需设置水处理系统。各个设备系统之间相互协调合作，综合考虑以上设备系统的工作要求。这些设备的设计是由水电专业配合完成的。他们的工作内容主要是通过对设计意图的理解计算出所需循环水量的大小和灯光的效果，进而完成设备的布置和选型，例如管道的管径、泵坑的尺寸、循环水泵的功率、灯具的选型和功率等。这些内容都单独反映在水电专业的图纸上。当然，水电专业需要的施工条件在园林景观图纸上必须也有所反映，例如水池的深度、池底找坡的方向和泄水的位置、溢流的形式（线形或点式）、溢流的高度控制、给水补水、花管的美化形式、泵坑的位置和大小、灯具的安装方式等。所以说水景设计需要多专业密切配合才能呈现出良好的园林景观效果。

第五节　水景设计案例分析及施工图解

本部分以百度科技园区为例，建成效果如图 5-14 所示。

图 5-14　建成效果

（一）设计构思及风格定位

水是人类心之向往，人类自古喜欢择水而居。它灵活、巧于因借的特点能起到组织空间、协调水景变化的作用。“质朴自然”是我们在设计中所应追求的园林景观呈现感受，表达了设计人对百度企业文化——“简单，可依赖”的理解。在这个项目中，我们设计了一系列的水景观，有源起，有跌落，有流淌，有收尾。水景的表象是对自然界瀑布、流水、溪流的模拟与抽象，串联起了园区的各个功能空间和建筑（图 5-15）。

整个科技园项目可以分为广场区和庭院区两个区域。广场区位于地块北侧，由两组 U 形建筑 1 号楼、2 号楼围合，主要功能之一是对外迎接访客访问、参观的入口，是科技园的对外形象园林景观，市民可以在此驻足拍照、合影留念。庭院区位于地块南侧，是四周由建筑 2、3、4、5 号楼围合成的内向庭院，主要服务于企业员工的办公日常，不对外开放，自成体系。

在广场区，建筑的设计形成了极具围合感的空间感受。宁静的静水面可以充分加强空间的凝聚力，映射天空和周围建筑。由于

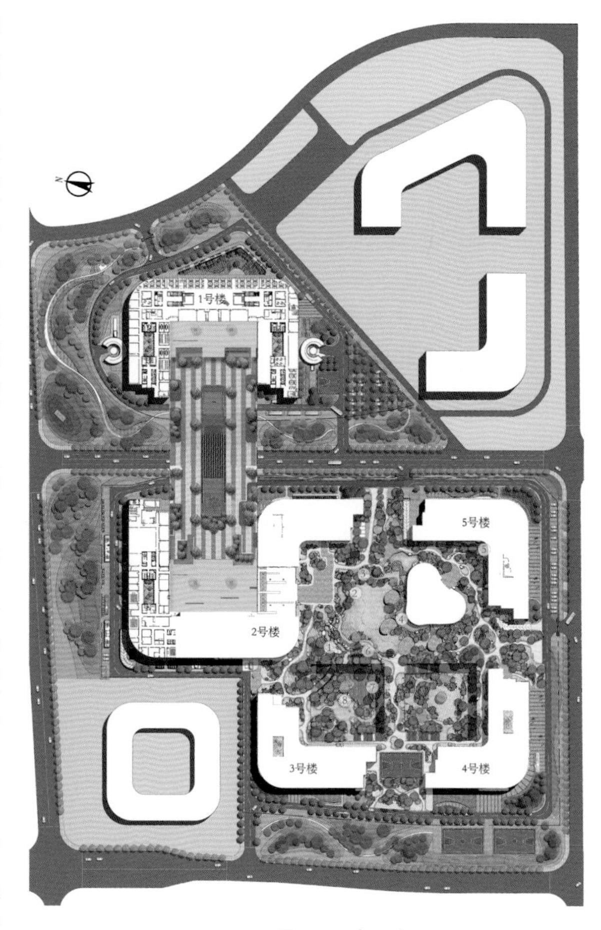

图 5-15　园林景观设计彩色平面图

1 号楼和 2 号楼建筑室内标高 49.75m 与穿广场而过的市政道路标高 47.78m 的高差接近 2m，所以因势利导地加入了跌水的元素。东西两个广场，东侧设计草坡来消化高差，西侧设计跌水，形成形式上的呼应和内容上的变化，活跃了广场氛围（图 5-16、图 5-17）。

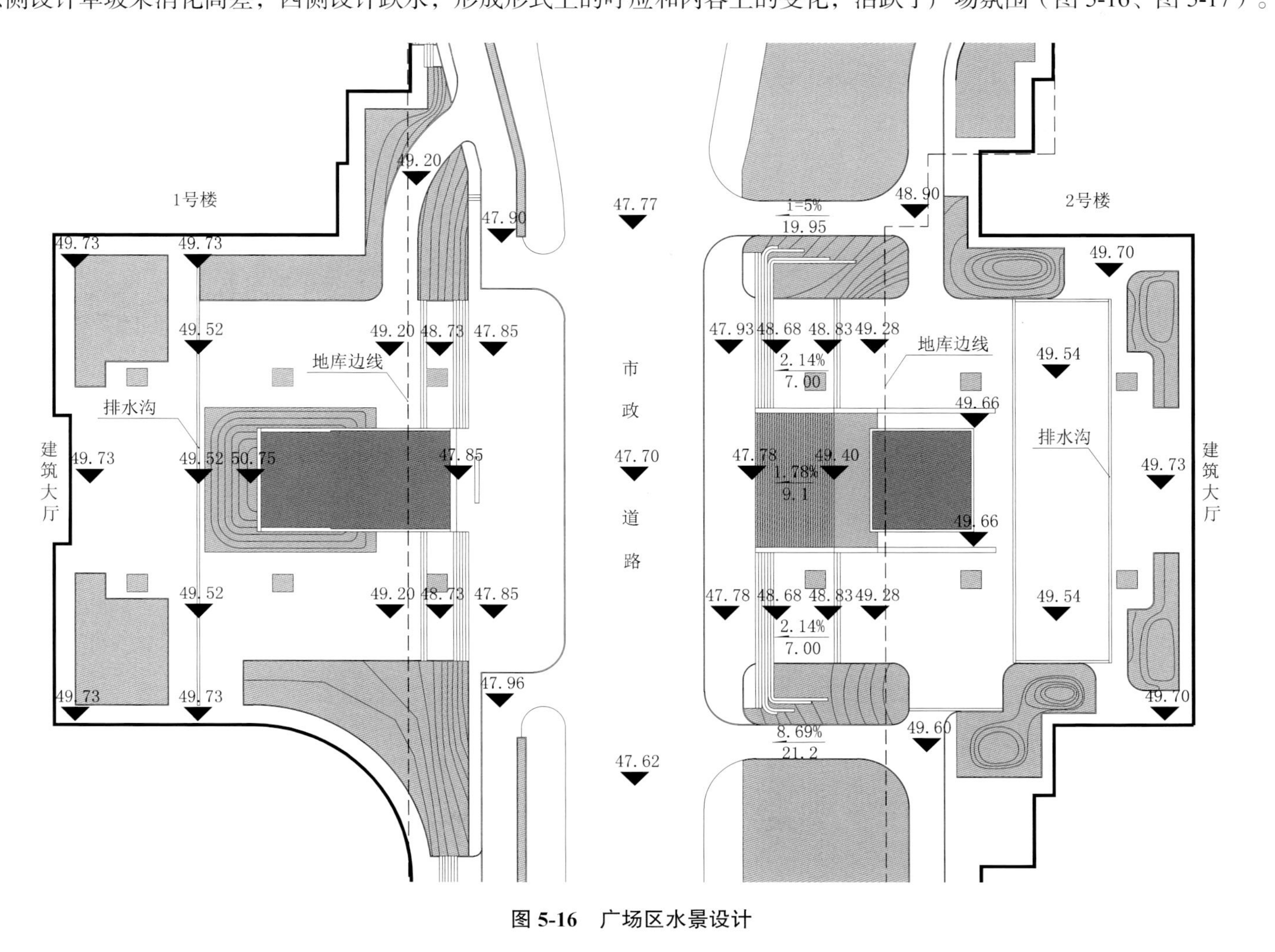

图 5-16　广场区水景设计

图 5-17　广场区水景效果图

内庭院的水景设计构思是运用流动的水景串联起整个庭院空间，包括下沉花园、建筑楼宇 2、3、4、5 号楼，或形成主景，或映衬建筑。

建筑的空间围合关系在图 5-15 ①处形成北向缺口。当地的冬季西北主导风向过大，园林景观设计①处堆山成景作为全园制高点遮挡西北风，调节园区内的小气候。景观水景源头因山就势，在此处山顶形成“天池”，以大水面跌水作为起始点向东、西两侧流淌。

水系向东一支汇聚在 2 号楼前广场的高池跌水处（图 5-15 ②），与植物组合搭配形成一处组景。水系由此向南，经旱溪（图 5-15 ③）流入 6 号楼周边大水面（图 5-15 ④），并一直延续到 5 号楼周边（图 5-15 ⑤）。

水系向西的一支蜿蜒流淌至下沉庭院女儿墙边，经 6m 高的水帘跌落至下沉庭院方形水池中。下沉庭院东北侧的大台阶之下隐藏的清泉（图 5-15 ⑦）蜿蜒曲折自北向南汇入方形水池中（图 5-15 ⑧）。

至此，已完成了水景的形态设计。

（二）水景施工图设计

全园的水景分为静与动两种类型。广场区的水景设计以静水为主、动静相随。内庭院水景以动水为主，形成绵延的溪流。

1. 静水设计

广场南侧水池由于横跨地库顶板和实土区，广场顶板区域覆土十分有限，实土区的市政道路设计标高与广场高差较大，在竖向设计时需充分考虑水池结构的竖向是否与顶板之间有矛盾，跌水线的平面位置以及坡度坡长是否在合适可行的位置。最重要的是埋于地下的泵坑标高的设计，及其与已完成的市政管网之间的位置关系。在了解了建筑专业和总图专业提供的建筑顶板和市政管网的标高和位置后，这些矛盾的关键点都可以通过一张剖面图来进行推敲，在竖向上进行合理避让。施工图设计阶段是对方案设计可实施性推敲的过程（图 5-18~ 图 5-20）。

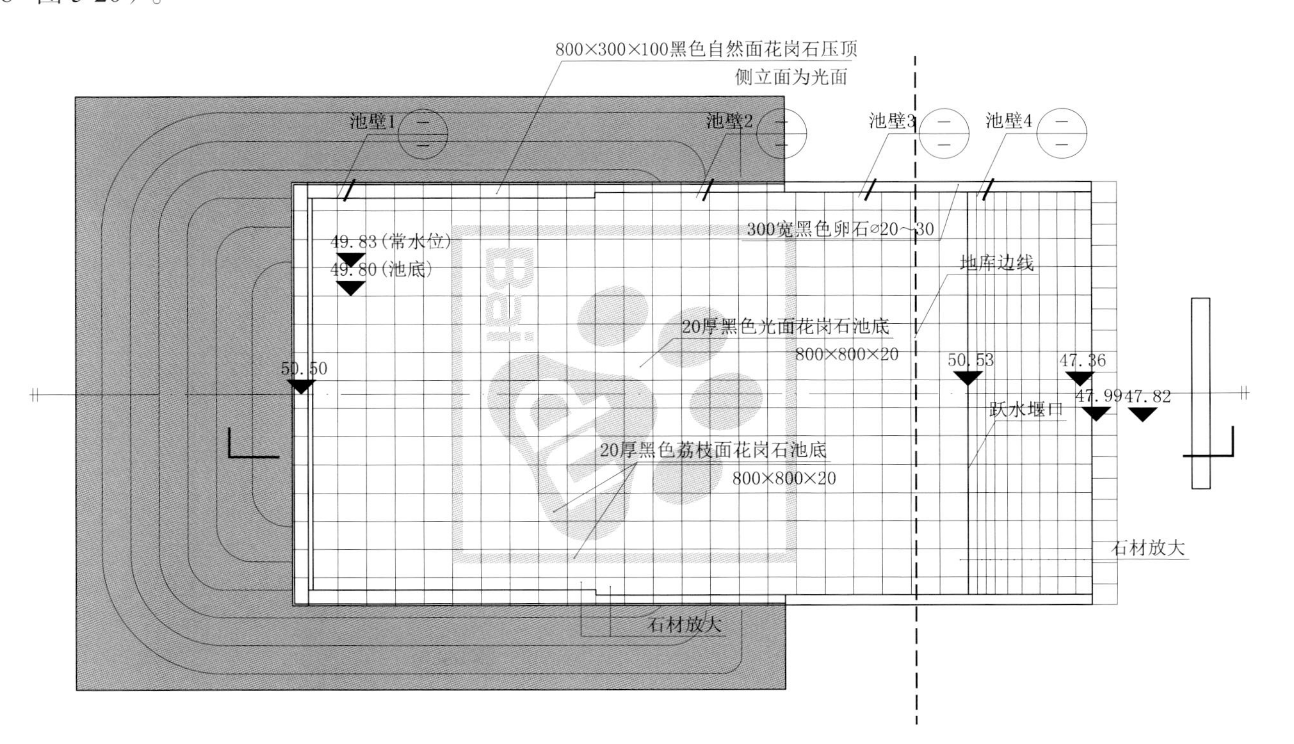

图 5-18　静水池平面图

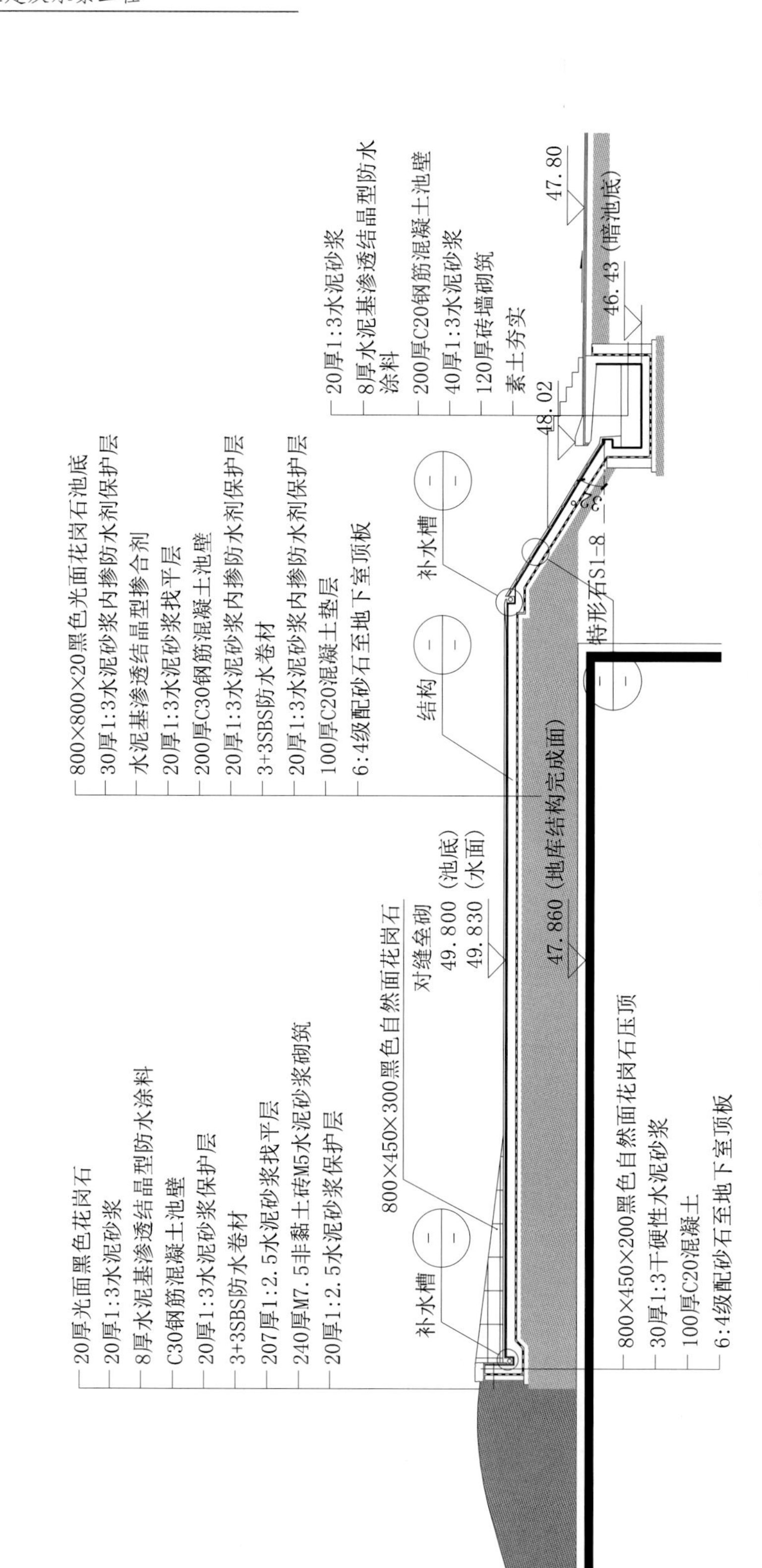
20厚1:3水泥砂浆
8厚水泥基渗透结晶型防水涂料
200厚C20钢筋混凝土池壁
40厚1:3水泥砂浆
120厚砖墙砌筑
素土夯实
47.80
46.43（暗池底）
48.02
800×800×20黑色光面花岗石池底
30厚1:3水泥砂浆内掺防水剂保护层
水泥基渗透结晶型掺合剂
20厚1:3水泥砂浆找平层
200厚C30钢筋混凝土池壁
20厚1:3水泥砂浆内掺防水剂保护层
3+3SBS防水卷材
20厚1:3水泥砂浆内掺防水剂保护层
100厚C20混凝土垫层
6:4级配砂石至地下室顶板
补水槽
结构
特形石S1-8
47.860（地库结构完成面）
对缝垒砌
49.800（池底）
49.830（水面）
800×450×300黑色自然面花岗石
20厚光面黑色花岗石
20厚1:3水泥砂浆
8厚水泥基渗透结晶型防水涂料
C30钢筋混凝土池壁
20厚1:3水泥砂浆保护层
3+3SBS防水卷材
207厚1:2.5水泥砂浆找平层
240厚M7.5非黏土砖M5水泥砂浆砌筑
20厚1:2.5水泥砂浆保护层
补水槽
800×450×200黑色自然面花岗石压顶
30厚1:3干硬性水泥砂浆
100厚C20混凝土
6:4级配砂石至地下室顶板

图 5-19 静水池剖面图

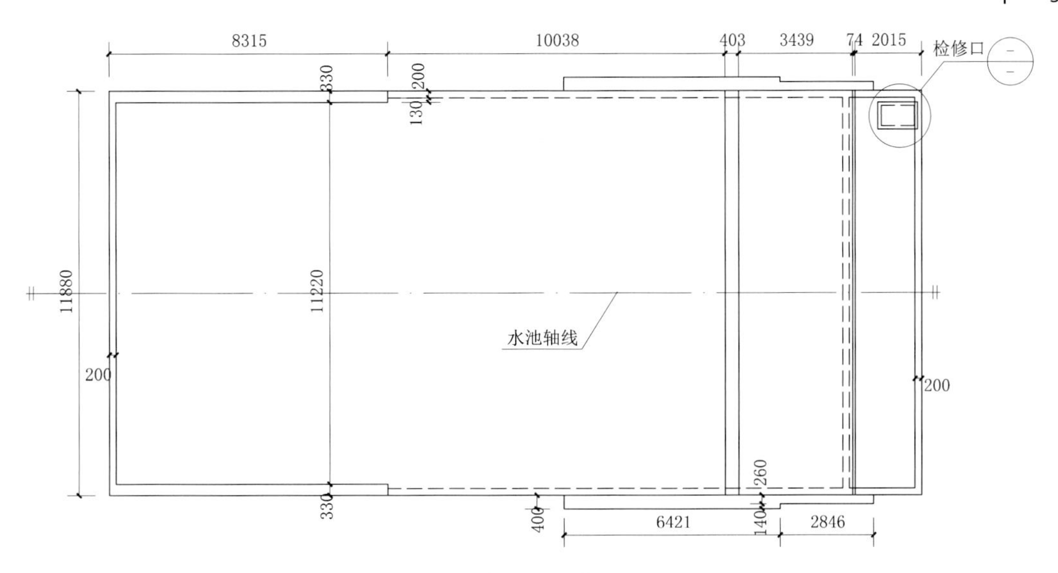

图 5-20　静水池结构平面图

静水池的水面厚度虽说是越薄越好，但是过薄的水面对施工精度的要求也相对较高，特别是面积较大的静水面，池底和池壁标高如果不一致，很容易导致水流不均匀，池底和池边溢水不均匀。所以一般控制最深水深在 5~8cm 左右为好。若希望水面呈现出轻薄的效果，除了控制水深，还应考究池壁的做法，以水面看似无边界的效果为佳，水满则溢，整个水面充盈在水池之中，用池壁的高度来控制水深。池壁选用和池底一致的材料在边缘形成切脚，与池底融为一体。池壁以外设计溢水沟，上覆卵石。同时由于水池的竖向异于场地竖向而自成一体，通过立面图可以表达这种竖向关系，所以水池池壁与场地的关系经过了由池壁高于场地、平于场地、低于场地的连续变化。此处需要通过不同的剖面图来分别表示几处节点的做法（图 5-21~ 图 5-25）。

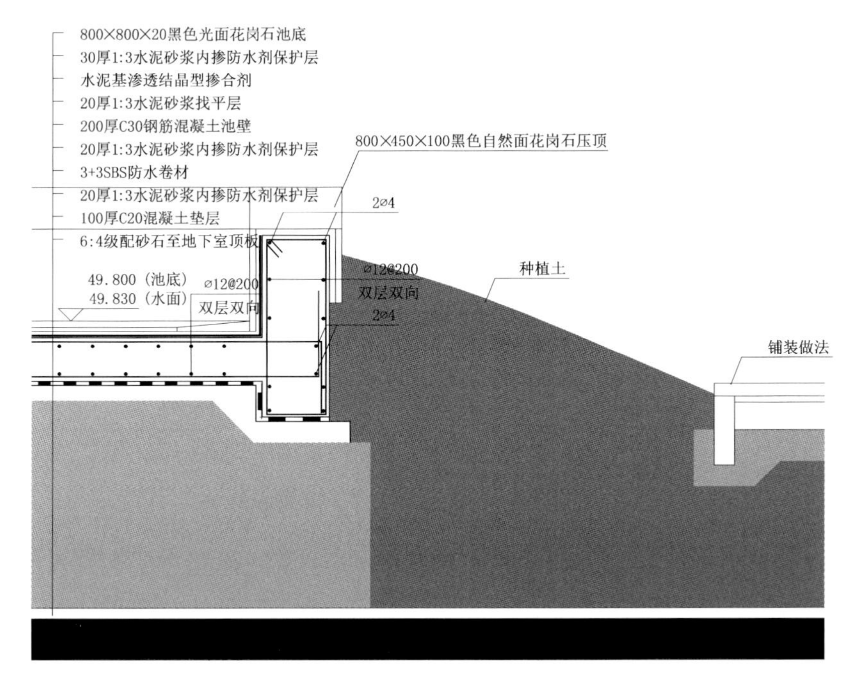

图 5-21　池壁 1 的 2-2 剖面图

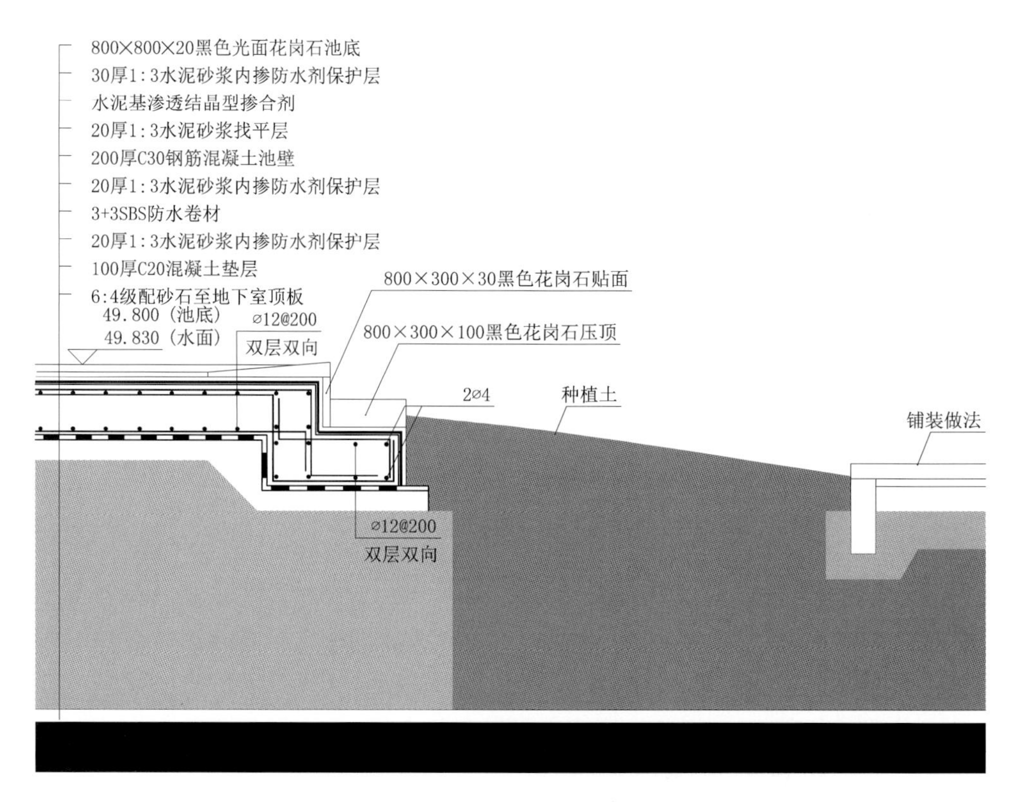

图 5-22　池壁 2 剖面图

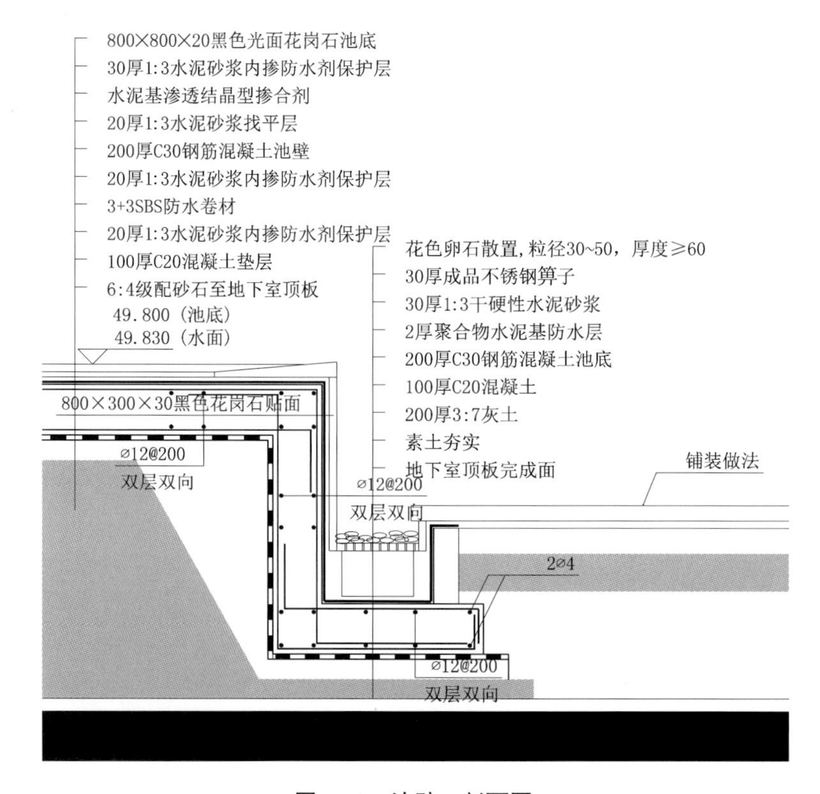

图 5-23　池壁 3 剖面图

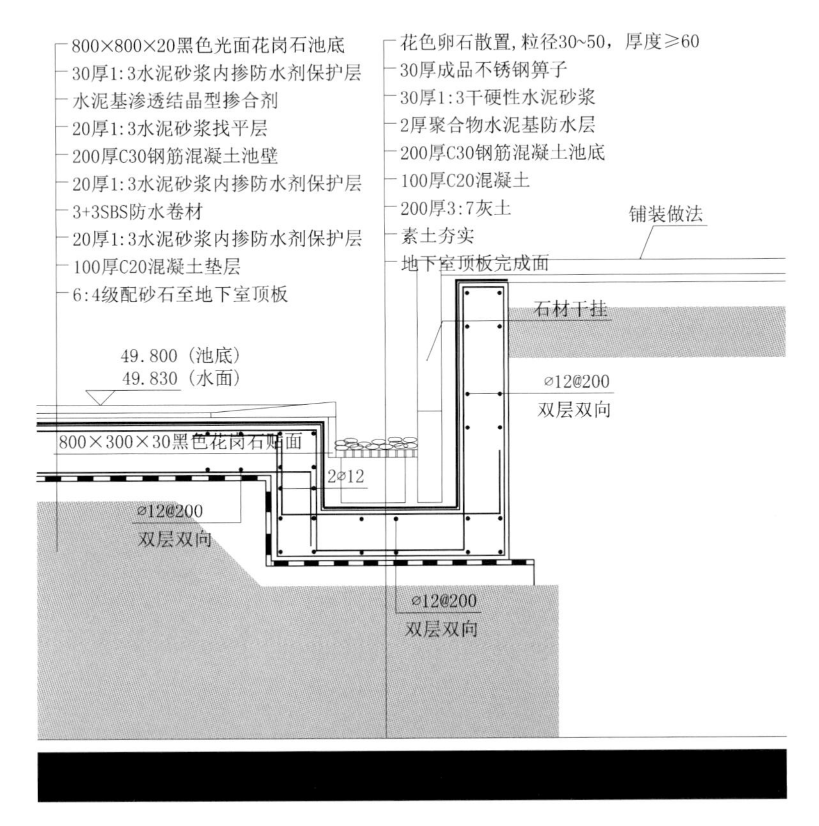

图 5-24 池壁 4 剖面图

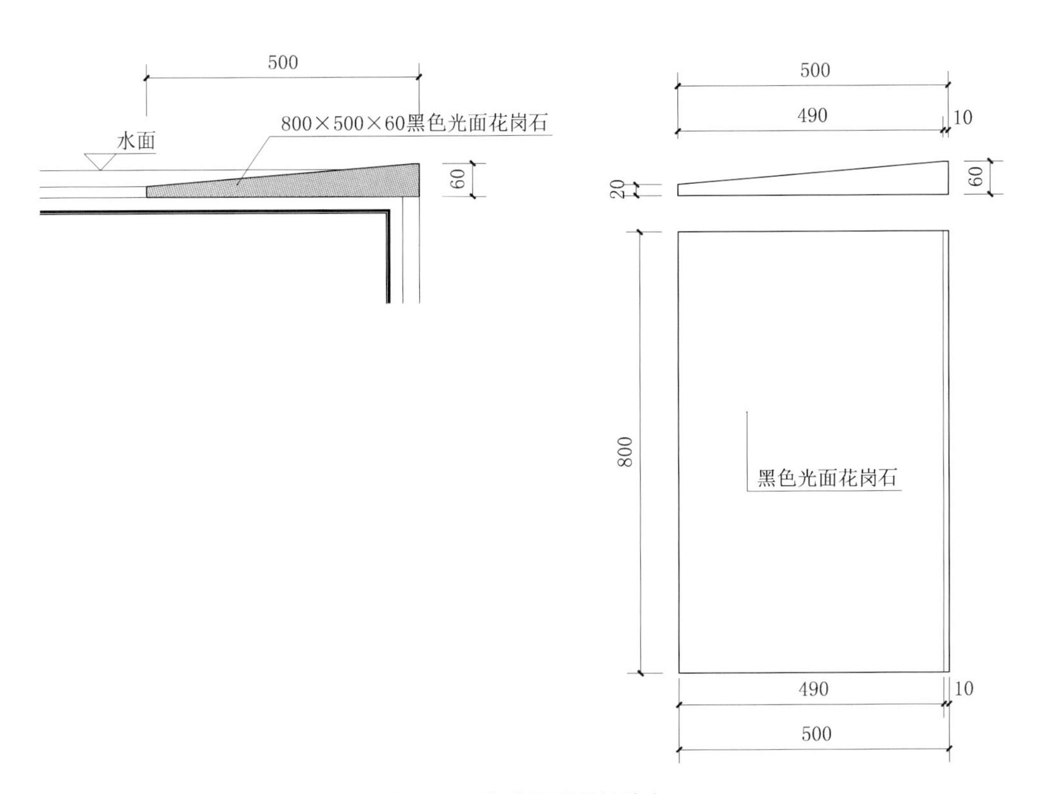

图 5-25 池壁异形石材放大

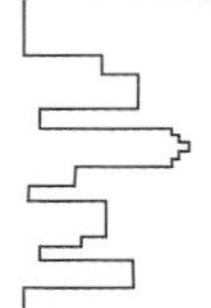

在水专业设计师配合介入后提出意见，由于方案设计跌水线长度达到 11m，经过计算跌水运行时水量较大，相同体积下的泵坑尽量浅挖以避免市政管网，泵坑须做到与跌水线等长，2m 宽、1.2m 深。如图 5-26 所示，泵坑整体暗埋于地下，收水口边缘压顶做特殊设计，一是为了防止水花四溅，二是保证人员安全（图 5-26~ 图 5-28）。

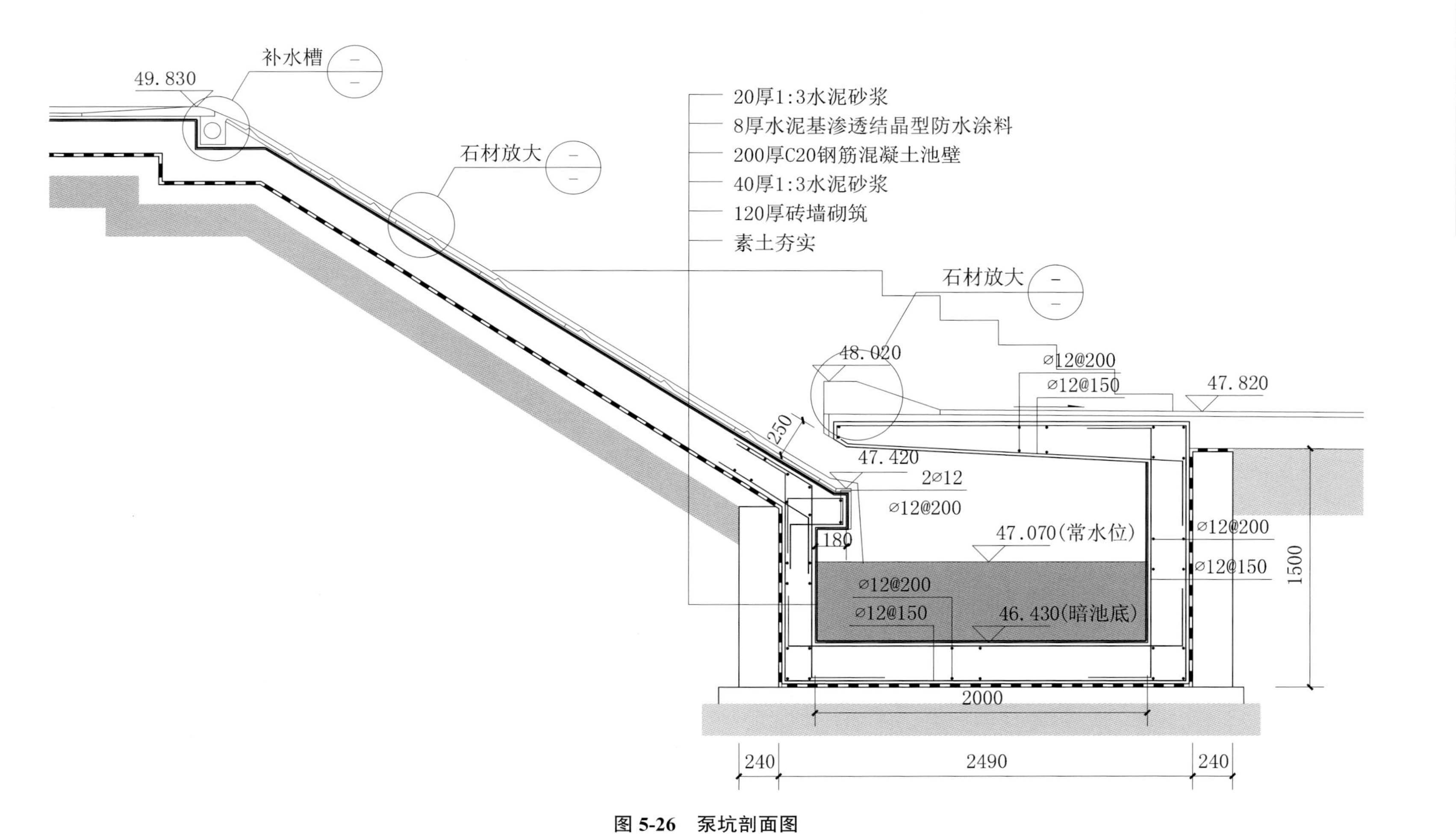

图 5-26　泵坑剖面图

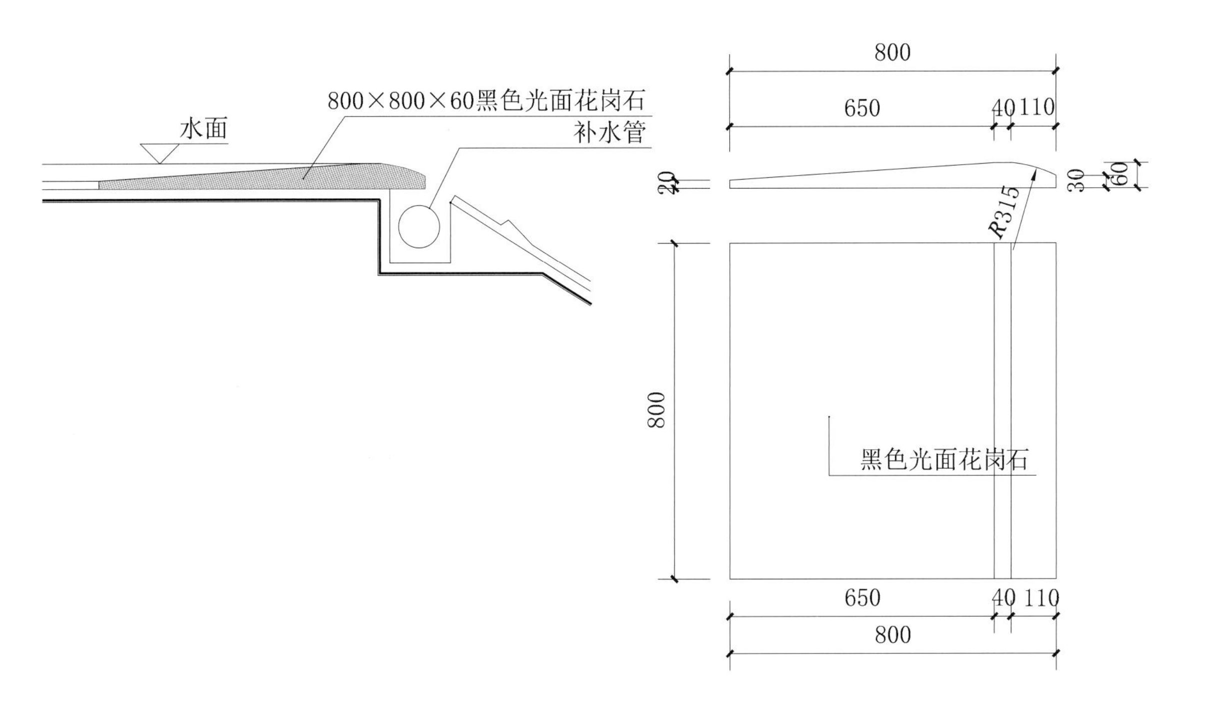

图 5-27 补水槽放大图

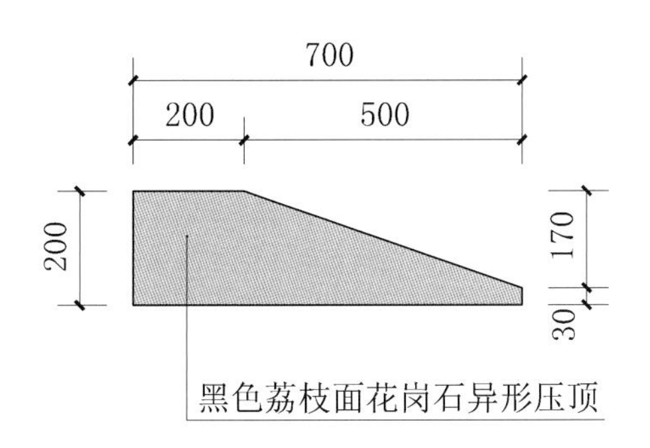

图 5-28 异形压顶放大图

为了保证水池水量均匀、跌水线出水丰沛，在设计了合理尺寸的循环泵坑之后还应同时考虑补水花管的位置。除了在水池西端的暗槽内设置了 DN80 的通长喷水花管外，在跌水面起点处加设一道喷水花管，隐藏在暗槽内。花管两端设堵头，开孔 ϕ10，间距 150mm。两处喷水花管以 DN100 分别接入泵坑内的两个潜水泵 QSP65-7-2.2。此两处花管同时为水池补水。补水花管应当尽量隐藏，在补水槽细节处需要进行特殊设计，在构造部分留出安装空间，在饰面部分尽量掩饰，以保证水池整体效果（图 5-29）。

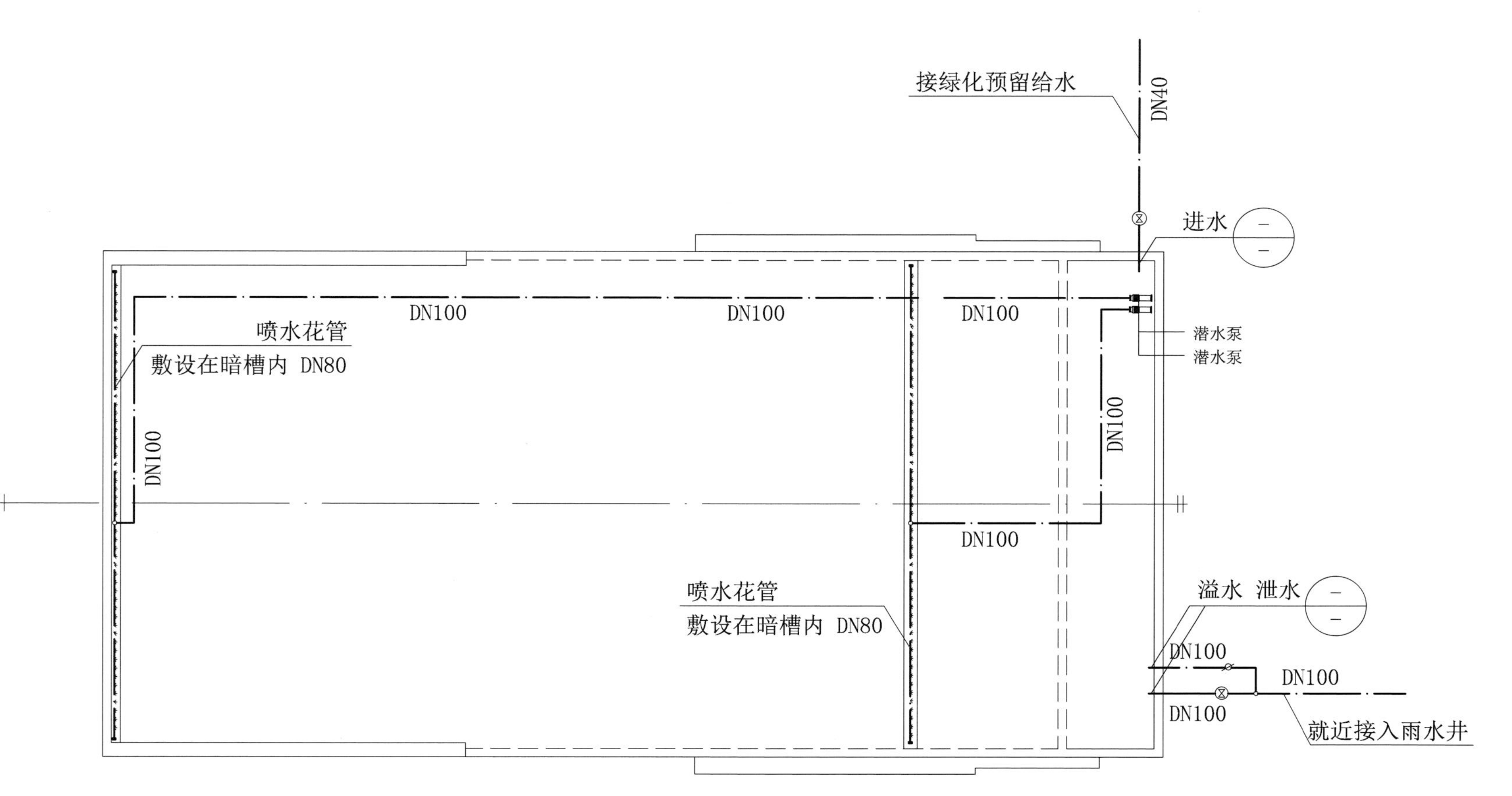

图 5-29　静水池潜水泵管道系统图

水池饰面选择黑色光面花岗石，这种材料作为水池基底可以形成明净的倒影，在静水设计中颇为常见。在静水面部分，黑色光面花岗石池底雕刻了企业标识，以“印章”为设计原型的阳刻效果，并以毛面处理加以强调。跌水面部分为了表现出水流的生动变化，在饰面上做了特别的设计，形成一道道的倒齿，并形成疏密的渐变，使得水在流淌时翻滚起伏溅起水花，丰富了视觉和听觉上的效果（图5-30）。

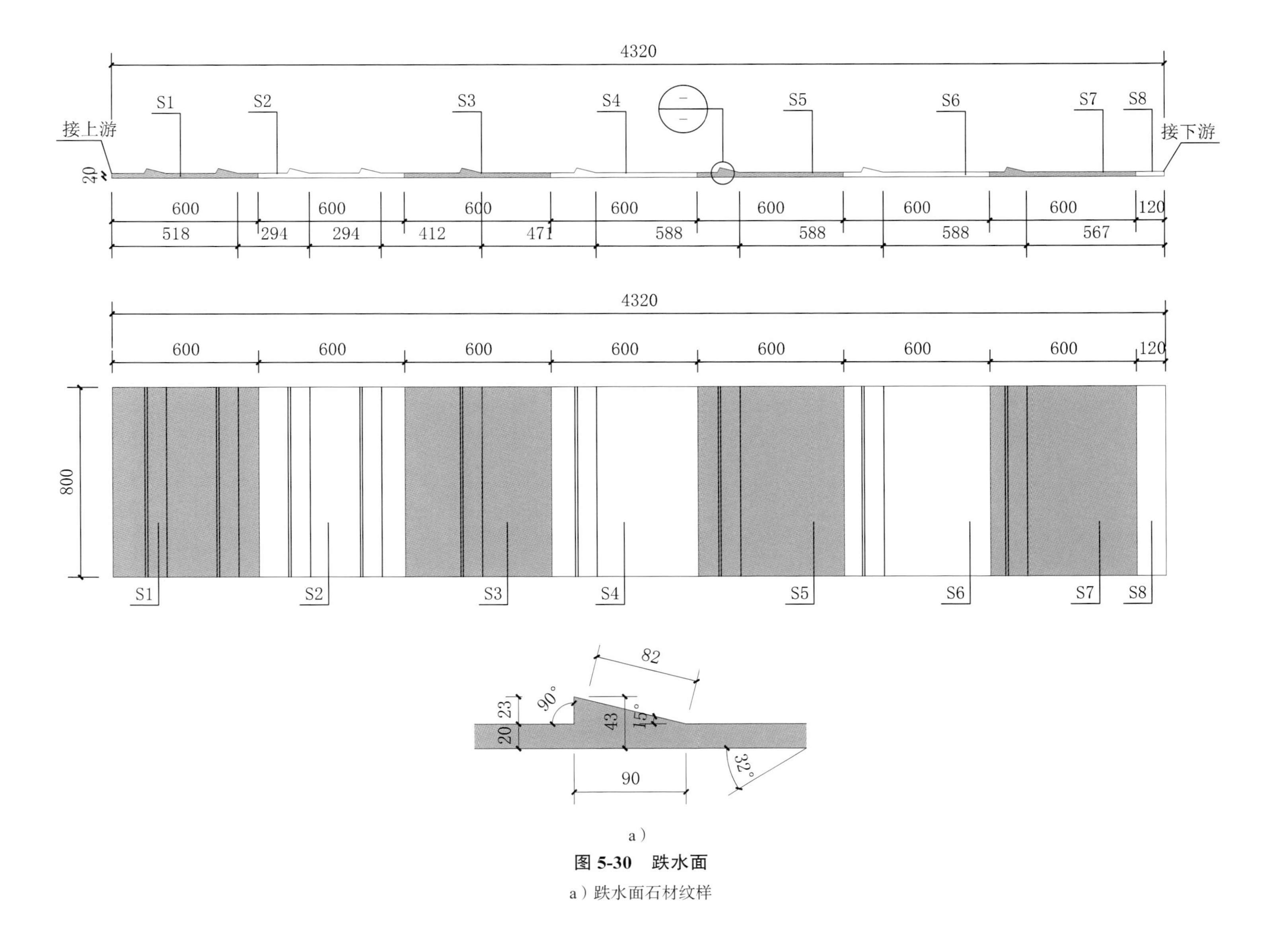

a）

图 5-30 跌水面

a）跌水面石材纹样

b）

图 5-30　跌水面（续）

b）跌水面效果

2. 动水设计

我们将整个动水水系进行拆解，分段进行设计。将各段水系进行“假连接”，使其在视觉上是联系的，但在设备系统上则是相互独立的（图 5-31）。

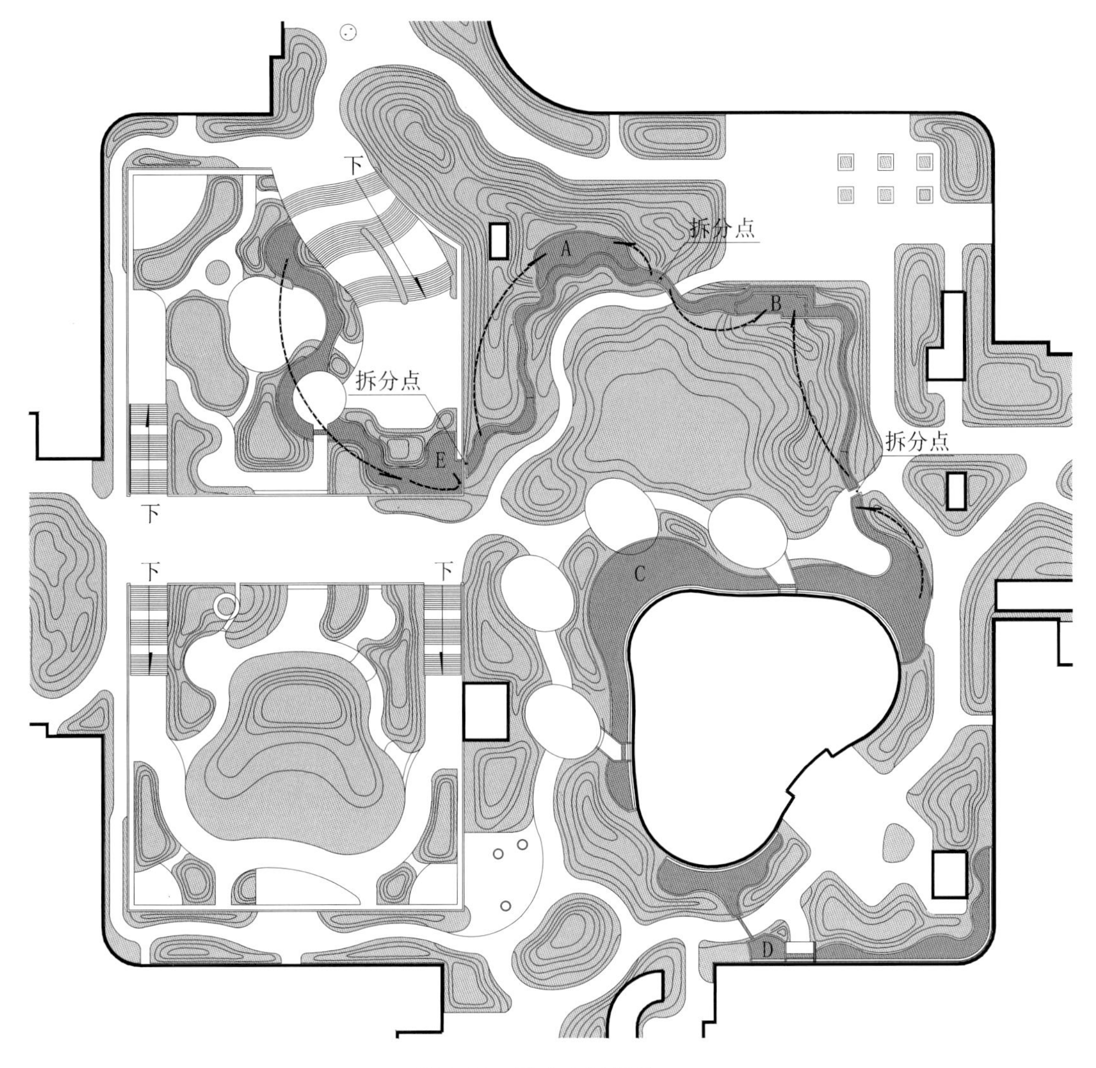

图 5-31 动水水景拆分

因为内庭院水池动线长，如果按照方案设计中的理想情况进行设计，只设计一处源头和几处收尾，池底找坡最小坡度 0.3% 形成的水深高差最多可达到 1.2m（$0.3\% \times L$），不能满足《城市绿地设计规范》（GB 50420—2007）要求的安全水深 70cm。同时循环用水泵坑的储水体积会非常之大，水泵无处安放，回水管的路径会非常长，加之还存在回水管穿越建筑楼板的情况，这在施工过程中是很难实现的，也是不科学的。这是施工图设计中的难点和重点。综合考虑设计条件、动线长短等因素，将水系分为 ABCDE 五个独立的系统进行设计。

ABCDE 五个水系分别向一侧或是两侧找坡，将断头处隐藏在桥下或是置石之中，以达到视觉上相互联系的效果。其中水系 E 位于下沉庭院的实土区，其他水系均位于地下室顶板之上（图 5-32~ 图 5-34）。

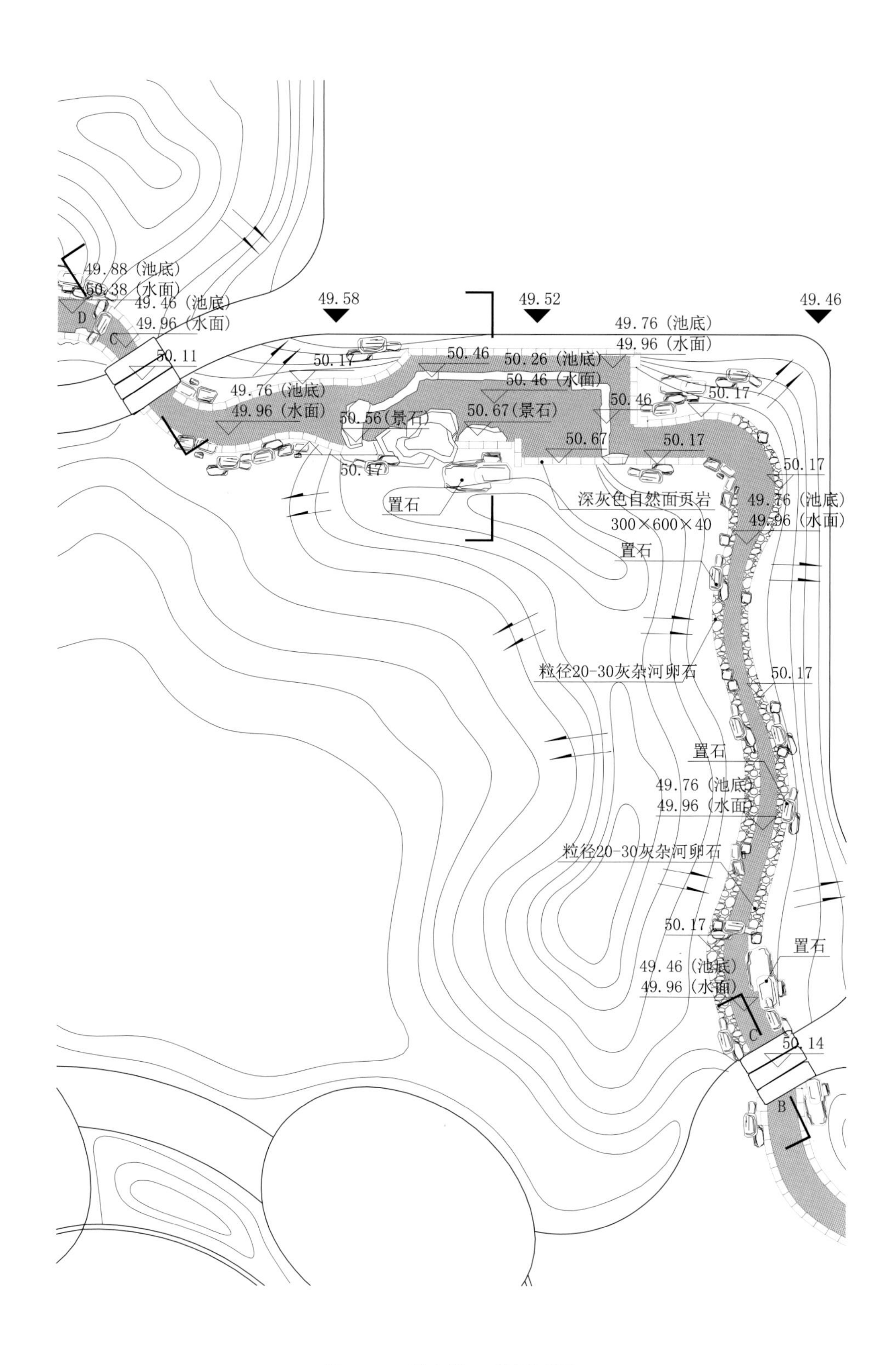

图 5-32　动水池 B 段平面图

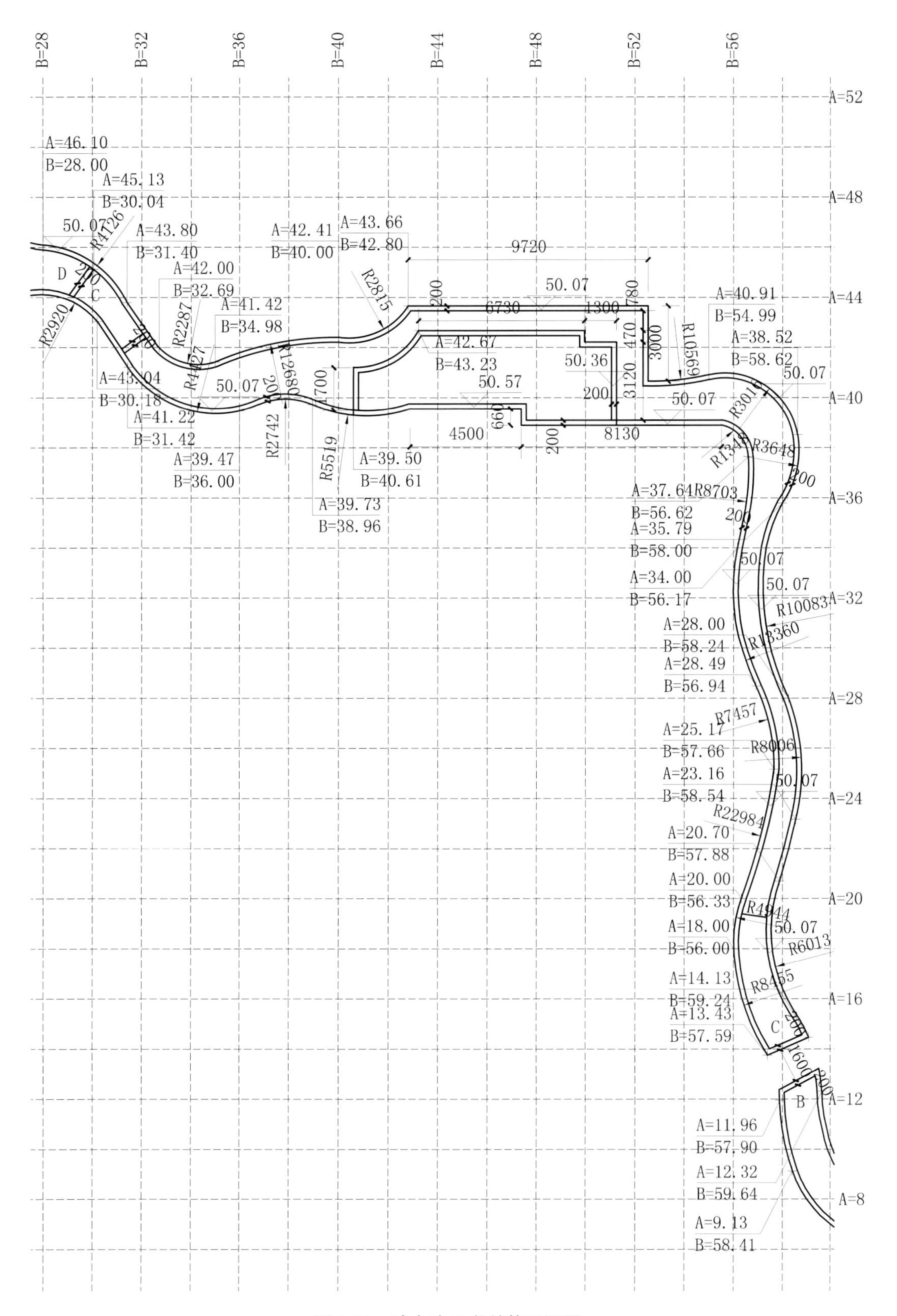

图 5-33　动水池 B 段结构平面图

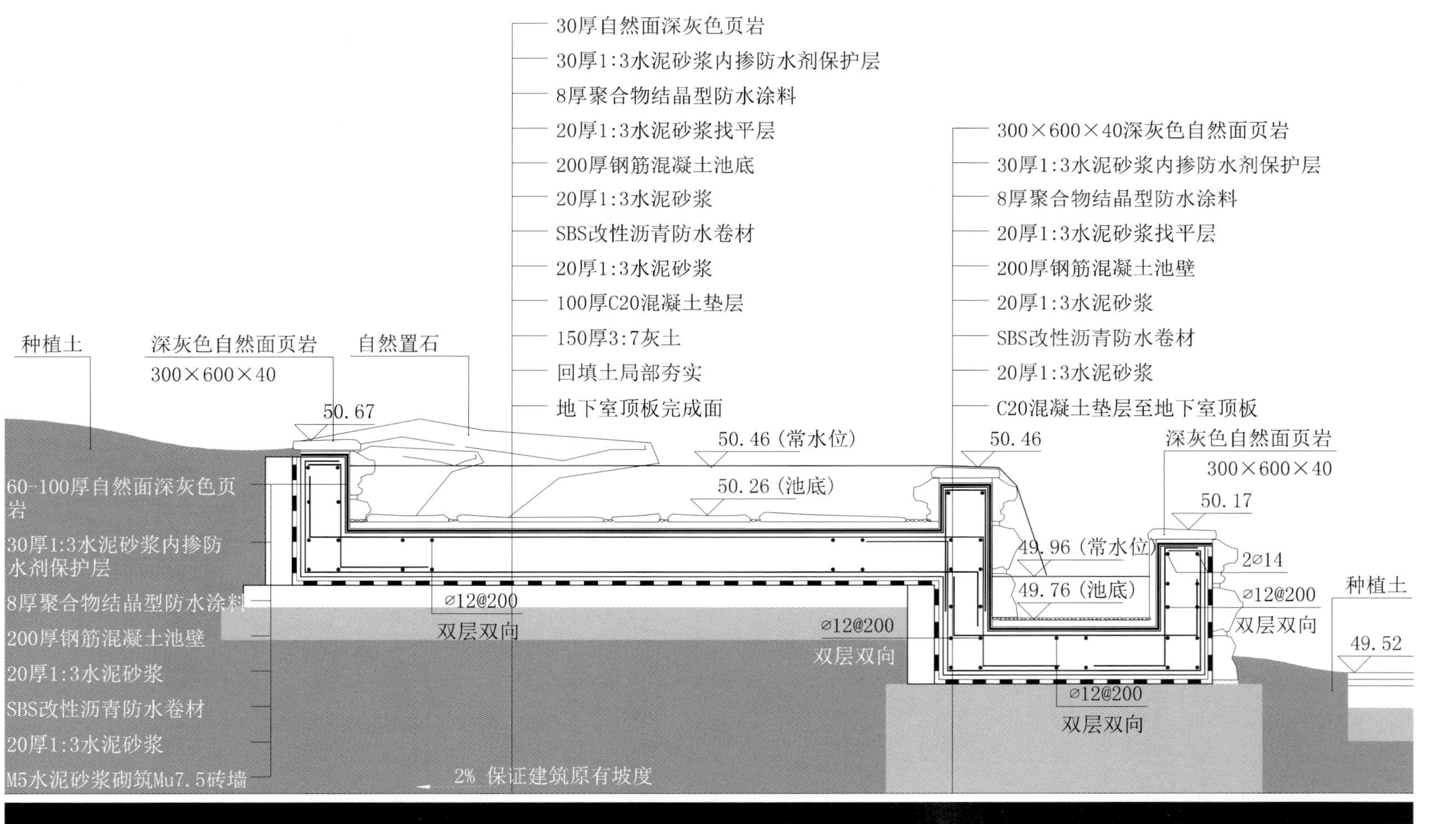

图 5-34 动水池 A 段主景跌水剖面图

水系 A 水面整体标高高于周边场地，与建筑顶板之间的距离较为富余。跌水主景设计一层跌水，两级水面高差为 500mm。地形和置石相结合，在跌水处形成自然的背景。

水系 A 从主景的跌水处分别向西侧和南侧流淌。水系往东池底连续找坡，最终与水系 B 相遇，由一道池壁分隔开来，此两处的水面及池底标高均不相同，池壁由置石进行修饰，以达到自然的效果。水深从 200mm 至末端达到 500mm，可直接放置潜水泵。水系往南与水系 C 相遇，连接处隐藏在桥下。水系末端局部挖深，水深达到 500mm 以放置潜水泵。西、南两侧的潜水泵分别对跌水主景跌水不断进行补水，完成整个水体的循环（图 5-35~ 图 5-37）。

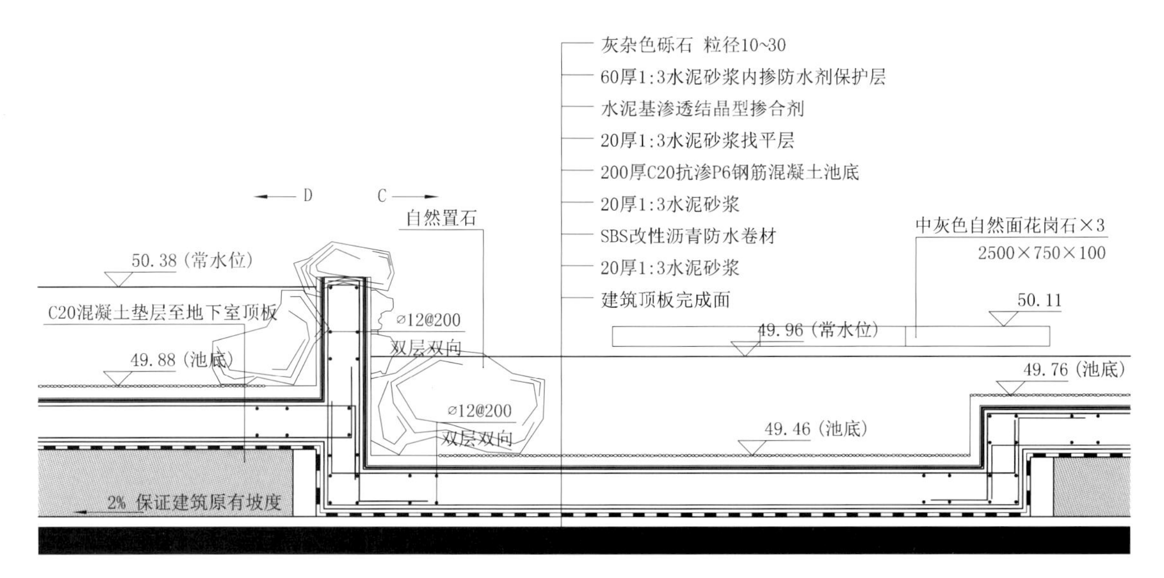

图 5-35 水系 C 与 D 的拆分点

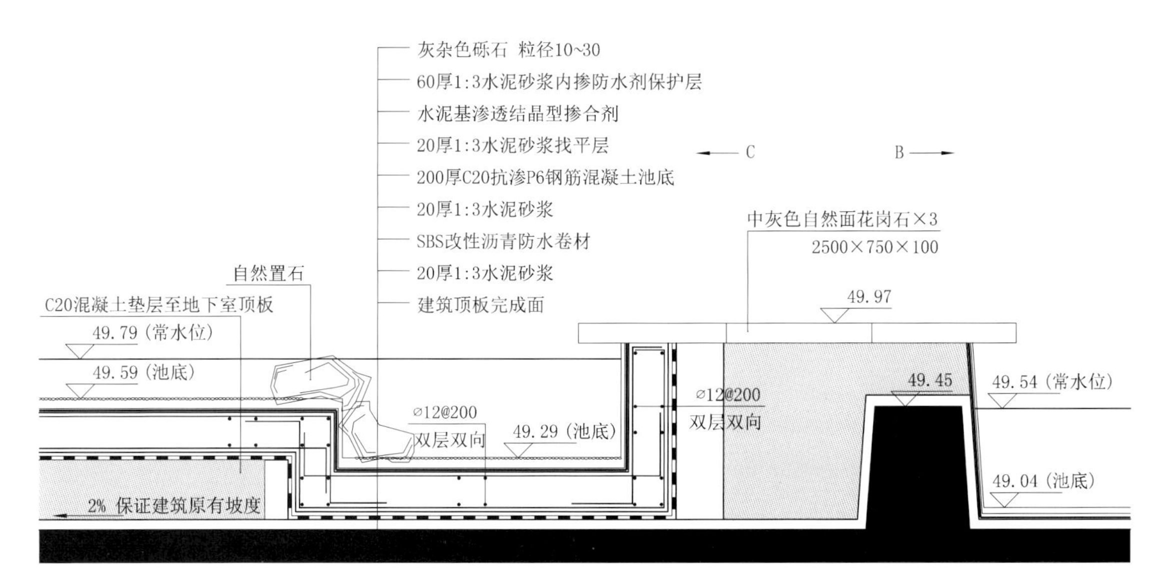

图 5-36 水系 C 与 B 的拆分点

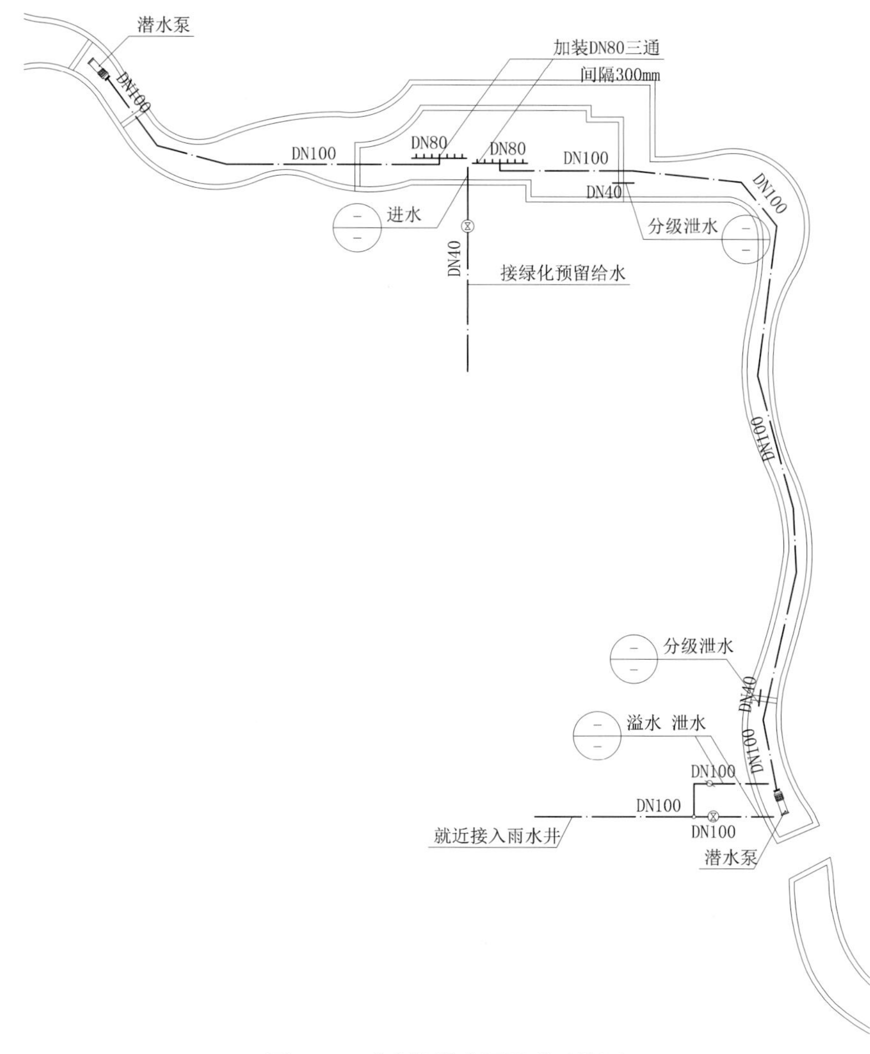

图 5-37 动水池潜水泵管道系统图

需要注意的是在进行水系施工图设计时，要不断核对关键节点的水池构造与地下室顶板标高之间的关系，水池构造需高于顶板方可施工。在条件苛刻的情况下，可以通过抬高构造层减小水深的做法完成设计。但若水深是无法突破的，如水系 C，业主要求水深不少于 500mm 可以养鱼，只能将建筑顶板作为池体构造的一部分，与池壁一体浇注，并完成防水、保护层等一系列做法。这种做法需要园林景观与建筑两个专业密切配合，把握好施工的时序。当池体构造与建筑顶板距离过近时（<500mm），因为基础施工中素土夯实的实现度较低，所以取消素土夯实的做法，直接将混凝土垫层加厚直至顶板层，池体构造直接生根于顶板，以保证水池的稳定。

自然式水景的施工难度主要在于面层材质的铺贴，想要达到自然的效果，从石材种类、大小、铺贴方式上都需要详细的设计，施工和现场效果控制难度相对较高。施工表达建议结合意向图进行说明，设计师需要到现场进行指导施工。

石材选用房山自然块山皮石（市场上又称为云片石、片岩、页岩等），除了因为这种石材天然的横向自然纹理与我们设计的无论是悠长绵延的水系还是平面上自然伸展的水池形态十分契合，还因为这种石材无论作为池壁池底贴面石材还是池岸园林景观置石都有十分不错的效果。两种装饰材料选用一种石材可以突出水池的完整性和简洁性，使得水池的整体呈现效果在古典的形态中散发出现代的气质。同时由于相较于暖色材料，冷色调的石材对水本身的凸显更加明显，所以在颜色的选择上我们选用深灰色。水池立面的石材铺贴希望形成水平线条的效果，所以石材在加工厂中被加工成宽度 3~5cm、长 15~30cm 的条状，保留原始自然面。在铺贴的过程中，施工人员需要对石材进行二次筛选和简单的修饰，避免池壁最终呈现效果过于凹凸不平。

水池底面设计为编号 1-3 的石材组合铺贴，并用砾石弥缝，由于多方面原因最终呈现效果与图纸有所差异。

置石的布置在后期进行。石组的大小和点位在图纸中均已表达。结合现场所到石材的具体情况进行适当的调整。选择合适大小的材料和组合方式进行多次修正，在达到效果后用水泥砂浆对石材进行固定。随后用立面石材材料对交接处进行修饰，预期达到置石与池壁一体的效果（图 5-38、图 5-39）。

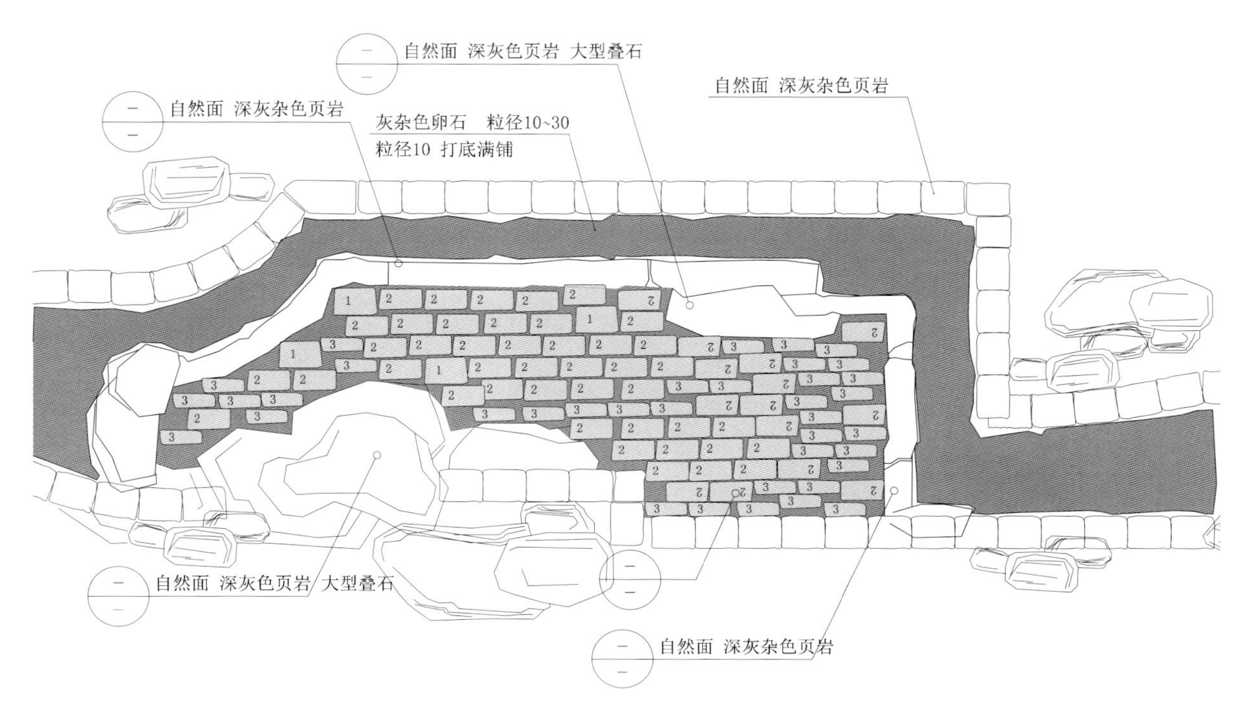

图 5-38　池底铺装及叠石详图（一）

a）

b）

自然面 深灰色页岩
基准尺寸600×400×30
540
400
1
400
600
自然面 深灰色页岩
540
基准尺寸600×300×30
300
2
280
600
自然面 深灰色页岩
基准尺寸600×200×30
590
200
3
180
550

d）

c）

自然面 深灰色页岩
基准尺寸600×470×40
600>x>470
600
610

e）

图 5-39 池底铺装及叠石详图（二）

a）岸边大型置石意向图 b）岸边条形叠石意向图 c）岸边中型置石意向图
d）自然水系池底铺装样图 e）驳岸压顶石样图

3. 水池池体的施工流程

水池施工的整体工艺流程包括材料准备、定位放线、基础开挖、基础施工、预埋管线、池底浇筑、池壁浇筑、找平、做防水、试水试验、做饰面。

（1）静水池施工流程。

步骤 1：基础施工。建筑顶板标高为 –1.8m 即 47.95m，在此基础之上进行回填土分层夯实，夯实后铺设 6∶4 级配砂石垫层，厚度 300mm。图 5-40 中已经完成了素土夯实及级配碎石的铺设。240mm 厚 Mu7.5 非黏土砖墙 M5 砂浆砌筑完毕，该砖墙的主要作用是固定 3+3SBS 防水卷材的收边。

图 5-40　静水池基础施工

步骤 2：结构施工（图 5-41、图 5-42）。为了保证水池呈现效果美观，特别是在水面厚度较薄的情况下，是不允许管线裸露的。所以将补水管 DN100 预埋在 200mm 厚的钢筋混凝土结构层之中，布置好管网并确认管网正常运行之后，再进行结构的浇筑。池底的配筋为 ϕ12@200 双层双向。同时进行支模板的工作。上述完成之后就可以进行浇筑了。

图 5-41　静水池结构钢筋安装、支模板、预埋管线

图 5-42　浇筑完成的静水池结构

步骤 3：防水施工（图 5-43、图 5-44）。防水层铺贴之前需要进行基层清理，基层必须平整、坚固，无起砂、起鼓、凹凸和裂缝，如发生上述现象，须加用 107 胶的水泥砂浆修复。

图 5-43 静水池防水施工——涂刷冷底子油

图 5-44 静水池防水施工——铺贴防水卷材

步骤 4：试水试验（图 5-45）。防水施工完毕后进行试水试验，主要分为两个步骤，一是充水，二是水位观察，观察时间不少于 24h。

图 5-45 静水池试水试验

步骤 5：饰面铺贴（图 5-46）。在防水保护层施工完毕后方可进行饰面铺贴。这是水池施工的最后一道工序。

图 5-46　静水池完工后的效果

（2）动水池施工流程。动水水池的施工基本流程与静水无异，图 5-47~ 图 5-52 展示了从基础施工、池底浇筑、池壁浇筑、找平、做防水、做饰面、布置置石的施工过程。

图 5-47　动水池基础施工

图 5-48　动水池结构支模浇筑

图 5-49 动水池防水施工

图 5-50 动水池饰面施工

图 5-51 动水池布置置石

图 5-52　动水池建成效果

图 **5-52**　动水池建成效果（续）

参考文献

[1] 余柏椿 . 城市设计感性原则与方法 [M]. 北京：中国城市出版社，1997.

[2] 王晓俊 . 西方现代园林设计 [M]. 南京：东南大学出版社，2000.

[3] 中国建筑标准设计研究院 . 环境园林景观—室外工程细部构造　国家建筑标准设计图集（海绵城市建设系列）：15J012-1 [S]. 北京：中国计划出版社，2016.